하늘색
운동화

와룡동의 아이들 2

하늘색 운동화

전하리 글 · 그림

북하우스

아카시아 푸른 나뭇잎이
명호네 집 지붕 위에 시원한 그늘을 만들던 오후.
좁은 마당 한구석 키 작은 채송화들도
육남매만큼이나 해맑은 얼굴로
옹기종기 모여 앉아 피어 있었다.

"오빠 조심해! 살살…….
아까우니까 쪼금만 깎아. 알았지?"

육남매 중에 장남인 명호를 자랑스럽게 바라보며
둘째 동생 미경이는 말했다.

"걱정 마! 오빠가 연필 깎기 대장이란 걸 잊어버렸니?"

"히, 맞다!"
미경이는 방바닥에 엎드린 채
오빠 명호가 신문지 위에 쇳가루처럼 갉아놓은 크레파스를
바라보며 연신 흐뭇해하며 웃었다.

"난 역시 하늘색이 제일 좋더라!"
명호는 눈곱만 한 하늘색 크레파스를 하늘 높이 들고
행복한 미소를 가득 지었다.

크레파스
크레파스

"자! 다 됐다. 너 반, 나 반!"

"이제 우리 이 크레파스를

껌과 함께 씹어보자!"

"난 하늘색!"

명호는 동생 미경이와, 반으로 나눈 하얀 풍선껌과 함께 하늘색 크레파스를 입 안에 집어넣으며 말했다.

"좋았어! 오빠! 난 노란색이야!"

미경도 덩달아 알사탕이라도 먹는 듯 마냥 행복한 표정으로 노랑 크레파스를 입 속에 낼름 집어넣었다.

둘이는 툇마루에 앉아

누가누가 잘 씹나 내기라도 한 듯

입을 크게 벌리며 열심히 풍선껌을 씹었다.

크레파스를 껌과 함께 입 안에 넣고
질겅질겅거리는 오빠 명호와 언니 미경이를
셋째 미숙은 신기한 듯이 쳐다보았다.

"오물오물. 오물오물."

"음, 하늘이 내 입 속에 들어와 있는 것 같아."
크레파스가 껌 안에 녹아
껌은 입 안에 눌어붙을 듯 부드러워졌고
껌 맛은 특유의 달콤함을 잃어갔지만 명호는
하늘색 껌을 만든다는 사실만으로도 행복했다.

얼굴을 하늘로 향한 명호가
살며시 눈을 감으며 이야기했다.

“두고 봐, 미경아. 이 오빤
하늘처럼 커다란 사람이 될 테니까!”
“그럼. 오빤 꼭 훌륭한 사람이 될 거야.”

파란 하늘에 가만히 있던 하얀 솜구름이
명호의 커다란 꿈에 박수라도 보내듯 둥실둥실 흘러왔다.

둘은 한참을 씹던 하얀 껌을 늘여 뽑았다.
하얀 껌이 이렇게 노란빛으로, 하늘빛으로 변하다니!
둘이는 마술사라도 된 양 흐뭇했다.

"히히 오빠!

우리 내일은 이 껌에다

또 다른 색깔 크레파스를 넣어 씹어보자!"

동생 미경이는 자신의 껌이 노랗게 변하자,

오빠 덕분에 대단한 실험에 성공이라도 한 듯

뿌듯한 표정으로 오빠 명호를 바라보며 말했다.

명호와 미경이는 주변을 살핀 뒤 약속이나 한 듯이

낡아서 누렇게 바랜

벽 모퉁이에

비밀처럼

껌을 붙여놓았다.

언제나 자기 껌은

단물이 다 빠지기도 전에

아예 삼켜버리는 둘째 미화가, 또 전처럼

자신들의 껌을 벽에서 몰래 떼내어 먹어버릴까

걱정이 되었기 때문이었다.

유난히

식탐이 많은

미화는

먹을 것만 보면

눈에 불을 켜고 달려들었다.

명호는 미화가 꿈속에서라도

실컷 껌을 씹기를 바랐다.

아니 이왕이면 맛있는 과자를

실컷 먹기를 마음속으로 기도했다.

그러면서 혹시라도

내일 아침에

벽지 위에 붙여놓은

껌을 미화가 떼어 먹는대도

미워하지 않으리라

생각했다.

몇 날 며칠을 씹어,
삭아버릴 듯 흐물흐물해져 검게 변한
콩알만 한 껌조차도 쉽게 뱉어버릴 수 없던 그 시절.

멀리 남산 위에 쏟아질 듯 총총히 박힌 수많은 별은
새로운 내일을 기다리고 있었다.

"죄송합니다요, 선생님……."

이른 아침 밝은 햇살이

유리알처럼 부서져 금빛 가루를 뿌려놓으며

창호지 문틈에서 눈부시게 빛날 때였다.

명호는 순간 귀에 익은 목소리에 벌떡 일어나

엄마의 목소리가 들려오는 앞마당을 향해

작은 귀를 쫑긋 세웠다.

“매번 죄송하구먼요, 선생님.

육성회비 때문에 이렇게 집까지 찾아오시게 해드려서,

뵐 면목이 없구먼요.”

엄마의 목소리는 개미 소리처럼 점점 작아지고 있었다.

"명호 어머니, 힘드시겠지만
다음 주까진 꼭 육성회비를 내주세요.
저도 이런 말씀 드리기가 곤란합니다만……."
적은 금액의 육성회비조차도 쉽게 낼 수 없었던
빈궁한 살림이었다.

"부탁드립니다."

담임 선생님과 엄마의 대화를

방 안 벽에 기대어

몰래 숨어서 듣던

명호는

자신도 모르게

눈시울이 뜨거워지는

것을 느꼈다.

'우리 집은 왜 이렇게 가난한 걸까? 왜……왜……!'

육성회비 내는 일로 담임 선생님이,

초라한 자신의 집을 방문하신 것이

벌써 몇 번째인지 모른다.

장남이라고 자긴 늦게 내도 된다며 동생들에게

늘 육성회비를 양보했지만 오늘 아침은 웬일인지

이 모든 현실이, 하늘이 원망스럽게만 다가왔다.

"언젠가는 꼭 부자가 될 거야.

큰사람이 될 거야."

미래를 다짐하며

이른 아침부터 붉어진 눈시울을 주먹으로 비비며

소리 없이 서 있는 명호의 어깨는 흔들리고 있었다.

어려운 가정 살림에

학업을 중단해야만 했던 아버지도

명호처럼 장남이었다.

완두콩처럼 주르륵 딸린 동생들이

가난한 삶을 비관하며 혹여 학업을 중단하게 될까 봐

아버진 자신의 꿈은 뒷전에 버리고

동생들 뒷바라지로 오랜 시간을 보냈다.

목수 일을 하며 힘겹던 삶을 살아온 아버지는
그 누구보다 성실했지만
가난의 굴레에서는 쉽게 벗어날 수가 없었다.
더욱이 자식 사랑이 극진하신 부모님이
그 사랑의 증거로 육남매를 둔 탓에
가난은 피해 갈 수 없는 외나무 길이었던 것이다.

터벅터벅

명호는 그렇게 자신의 현실을 생각하며
떨어지지 않는 무거운 발로
학교를 향하여 최대한 느리게 힘겨운 걸음을 걷고 있었다.

이미 아이들이 등교해버린 느지막한 시간.
내리막길 중턱에 있는 학교에 가는 길이
오르막 산길처럼 힘겹게 느껴졌다.

넓은 학교 운동장은 누군가 눈가루를 뿌려놓은 듯
하얗게 보인다.

"정말 가기 싫다. 그래도…….
지각만 안 하면 되지."
느릿한 명호의 발걸음 뒤로 느티나무의 푸른 나뭇잎은
명호의 무거운 마음을 외면한 채
햇살에 가볍게 일렁이며 은빛으로 환히 웃고 있었다.

“이번 주까지는 꼭 육성회비를 내주셔야만 해요.”

선생님의 목소리가 쉼 없이 명호의 머릿속에서 메아리쳤다.

‘선생님을 어떻게 보지?

매번 창피해서 선생님을 어떻게…….’

힘없이 걸어가는 명호의 발걸음엔

메마른 흙먼지만이 바람에 날려

검정 고무신 코끝을 하얗게 덮었다.

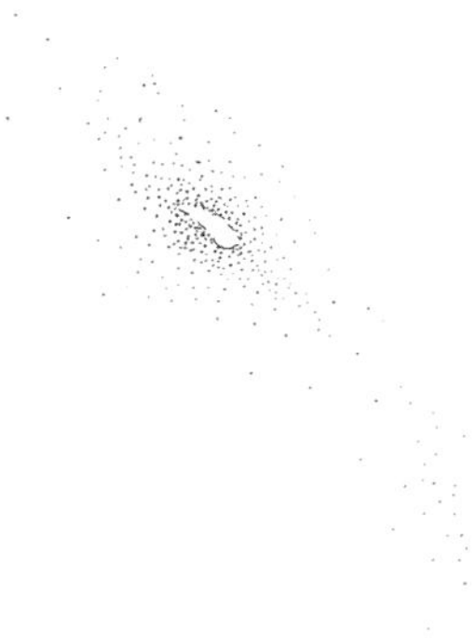

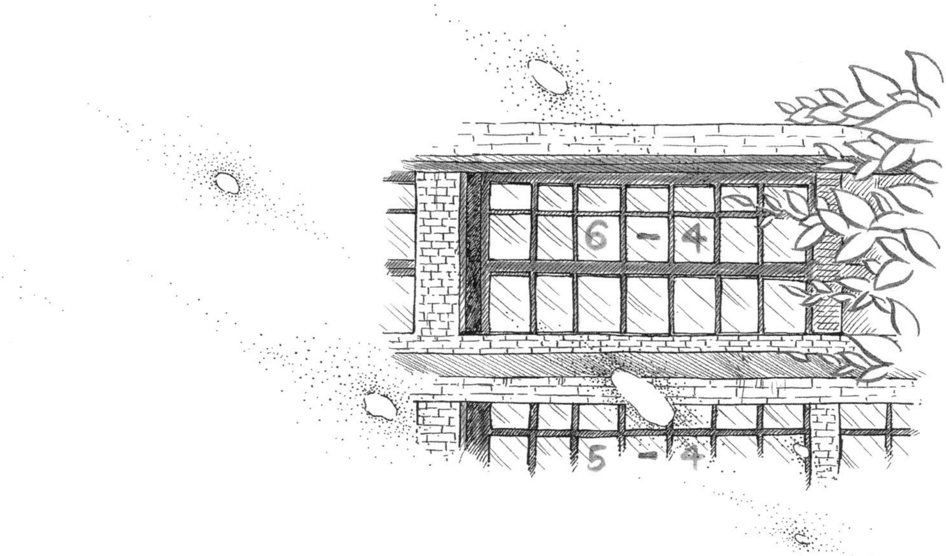
6 - 4
5 - 4

드르륵.

1교시 수업을 시작하는

종소리가 울릴 무렵

드디어 교실 문이 열리며 담임 선생님이 들어왔다.

명호는 이른 아침 일을 기억하며 순간 붉어진 얼굴을

애써 감추며 차마 고개를 들지 못한 채로

몽당연필로 가득 찬 파란색 필통만 매만졌다.

눈에 들어오지 않는 글씨를 보고 또 보고 있었다.

'매번 육성회비를 꼴찌로 내는 나를
선생님은 어떻게 생각하실까?
내 이름을 부르시면 어쩌지?'
명호의 부끄러운 가슴은
남산보다 더 큰 한숨을 소리 없이 내쉬고 있었다.

이제나 저제나 선생님이 자신의 이름을 호명하며
육성회비를 재촉할 것만 같은 생각에
얼굴을 들지 못하고 계속 고개를 숙이고 있던 명호는
목덜미가 뻣뻣하게 굳어버린 듯
작은 통증까지 느꼈다.

"이번 시간은 국어 시간이죠?
자! 모두들 63쪽을 펴도록!"

'와!'
자신의 이름을 부르지 않고
곧장 수업에 들어가는 순간에야
명호는 무거운 마음 때문에 굳은 목덜미를
천천히 세울 수가 있었다.

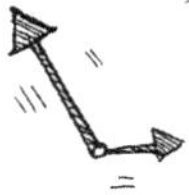

2교시, 3교시……

땡. 땡. 땡.

하루의 마지막 종소리가

넓은 운동장에 울려 퍼졌다.

아! 이 얼마나 기다렸던 종소리던가.

자신의 이름이 호명되지 않고 수업을 마치게 된 명호가

연신 하나님께 감사 기도를 드리며

4교시가 40일쯤은 지난 듯 느껴진 힘겨운 시간을 되새기며

책가방을 꾸릴 때였다.

"애들아!!!"

반장 정우가 재빠르게

교탁 앞에 섰다.

책가방을 꾸리던 아이들은

일제히 반장 정우를 바라보았다.

방과 후의 태양이 제법 뜨거워졌다고 느끼는
명호의 발걸음은 무겁기만 했다.
명호는 흙먼지 날리는 오르막 비탈길을 걸어서
집으로 향했다.

덜컹!!!

"앗! 깜짝이야!"

밤낮 주워 모은 종이로 딱지를 접던 동생 미경이 화들짝 놀랐다.

명호는

또 동네 또래의 사내녀석들과

딱지치기를 할 미경이를 보고서도

무심히 스쳐 지나갔다.

명호는 앉은뱅이책상 위에 가방을 내려놓으며

미끄러지듯 주저앉았다.

여느 때보다 먹구름의 그늘이 가득한 오빠 명호의 얼굴을

조심스레 살피며 미경이 살금살금

다가가고 있을 때였다.

"좋았어!!!"

떨구고 있던 머리를

번쩍 쳐들면서 명호가 소리쳤다.

갑자기 쳐든

오빠 명호의 머리통에

미경이의 턱이 탁 부딪쳤다. 미경이의 흔들리는 앞니가

빠질 뻔한 절묘한 순간이었는데…… 아뿔싸,

부딪치는 강도가 약했다.

"좋아! 좋아! 그러면 되는 거야!

내가 왜 그 생각을 못했지?

그래그래. 이젠 됐어!"

"야호!"

미경이 놀란 가슴을 진정시키기도 전에

명호는 방문을 발칵 열고 뛰어 나갔다.

삐-이-이-이

"어디?"

명호는 툇마루 한구석에 놓인

나무로 된 신발장 문을 조심스럽게 열었다.

신발장 문이 열리는 순간

상기된 얼굴의 명호는

보석이라도 발견한 듯 기쁘게 웃었다.

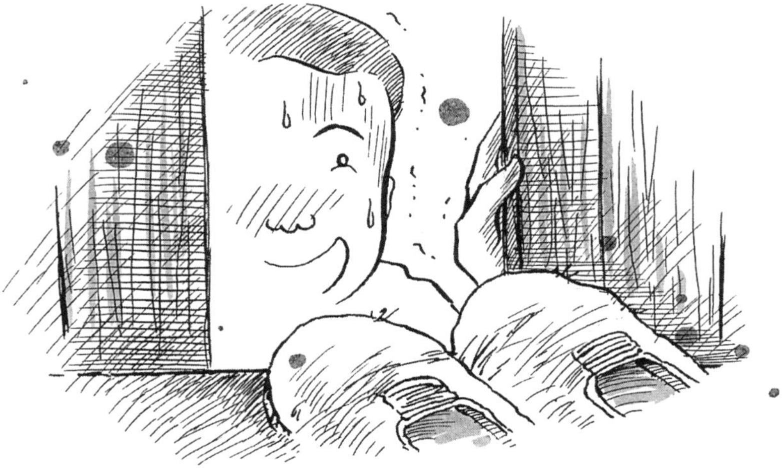

"여기 있었구나!

버리신 줄 알았는데!

다행이다! 정말 다행이야!"

자기보다 한 살 어린 여동생인

미화가 늘 신고 다니던 빨간 운동화.

엄마가 버리지 않고 혹시나 해서 신발장에 넣어 두었던,

이제는 너무 낡아 실밥이 너풀거리고 구멍 난

낡고 낡은 빨간색 여자 운동화를

명호는 덥석 집어 들었다.

"어……어디!"

"빨리 신어보자!"

초라한 빨간 운동화 속으로 명호는 자신의 발을 구겨 넣었다.

"새……생각보다 꼭 끼네."

낡고 낡아 하얀 낱 실과 겹 올들이 여기저기 드러나

그 모습이 형편없었다.

신발장에 검정 고무신만 즐비한 가난한 살림이었지만

고집쟁이 미화가 엄마를 몇 달 조르고 졸라서

겨우 얻어냈던 보물 같은 운동화였다.

"으……아!"

"아앗!"

"동생 신발이라서 그런가?"

명호는 구멍 나고 낡은 신발 코 사이로

금방이라도 엄지발가락이 터져 나올 듯한 불안을 느끼며

좁은 앞마당을 뒤뚱거리며 한 바퀴 돌아다녔다.

어…… 어디!
새…… 생각보다 꼭 끼네.
동생 신발이라서 그런가?

앞마당에서 뒷짐을 지고 왔다갔다하는 명호를
툇마루에 앉은 미경은 의아해하며 바라보았다.

"오빠야가 도대체
왜 저러는 거지?"

기쁨을 가득 머금은 얼굴로

동공이 이글거리던 명호는

무슨 생각을 했는지

하얀 덧니를 드러내며 웃더니

번개처럼 방으로 뛰어 들어갔다.

앉은뱅이책상 서랍 안에서 무언가를 날래게 잡은 명호는

조심스럽게 그것을 꺼내 들었다.

"저…… 저것은 오빠가 아끼는 몽당크레파스?"

미경은 심상치 않은 오빠의 행동을

그저 묵묵히 주시할 뿐이었다.

오빠는 서랍에서 꺼낸

하늘색 몽당크레파스를 집어 들고

빨강 운동화 한 짝 속에 왼손을 집어넣었다.

오빠의 얼굴은 무언가 일을 저지르려는 듯

빨갛게 상기되어 있었다.

잠시 멍하니 하늘을 우러르던 오빠가

크레파스를 집어 든 손을 부지런히 움직이기 시작했다.

"오……오, 오빠~~~!

언니야 신발에 뭘 하는 거야?"

언니의 낡은 신발을 물려받아

어쩌면 내년이나 내후년에 신어야 하는

미경이의 여러 가지 걱정을 아랑곳하지 않고

명호는 신이라도 들린 듯이

빨간 운동화에 하늘색 크레파스를 칠하기 시작했다.

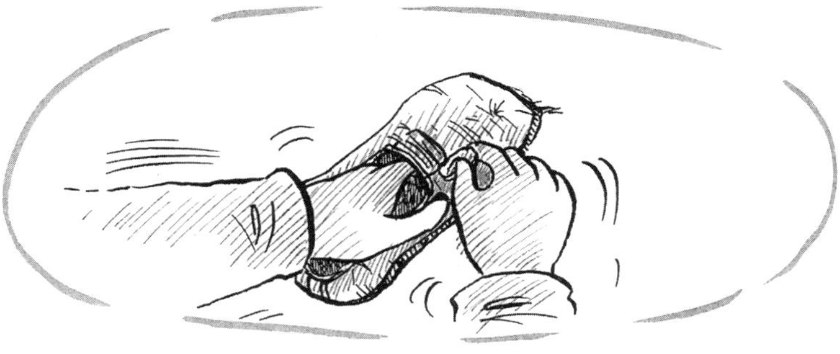

명호의 이마에 땀방울이 송글송글 맺힐 무렵,

빨간 운동화는 어느새 하늘색으로 변해가고 있었다.

"역시 난 하늘색이 좋다니까!"

미화의 빨간 운동화가 어느덧
명호의 하늘색 운동화로 새롭게 태어나는 순간이었다.

명호는 하늘색 운동화를 손에 들고

나비처럼 날며 흥겨운 춤까지 추었다.

"최대한 멋지게 보여야 돼!

나 혼자만 검정 고무신을 신고 갈 순 없어."

휘영청 밝은 달빛 사이에 명호의 하늘색 운동화도

별빛처럼 하얗게 빛나던 그런 밤이었다.

거의 뜬 눈으로 긴 밤을 보낸 명호가 최대한 멋을 부린 채 드디어 좁은 골목에 발을 내딛었다.

"아무도, 아무도 눈치 채지 못하겠지?"

동생 미화의 빨간 운동화.

이미 하늘색 운동화로 가면을 쓴,
그 낡은 미화의 운동화를 신고 최대한 멋을 부린 채
비탈진 흙 계단을 뒤뚱거리며 내려가는 장남 명호의
뒷모습을 엄마는 언제부턴가 가만히 보고
또 보고 있었다.

일요일이라 한산한 동네 어귀에
송이네 집에 사는 똥개 검둥이만이
꼬리를 살랑거리며 먹이를 찾아 킁킁대고 있었다.

멀리 학교 정문 앞에 반장 정우를 둘러싸고
저마다 멋을 한껏 부린 친구들이
재잘거렸다.

"야! 너도 오징어 배냐?"

아버지가 돌아가셔서
생선 장사를 하시는 엄마와
단둘이 살고 있는 친구 영철이가
명호의 마른 배를 살짝 누르며 행복한 윙크를 보냈다.
"이 몸께서 어제 저녁부터
굶었더니만 배가
등에 붙었다구!"

영철이는

마냥 행복해하며

썩은 이를 드러내며

웃었다.

와룡동 산동네에 자리 잡은 학교 정문을 떠나

옛 선비들의 기가 흐르는 아랫동네 혜화동.

그 조용하고 품위 있는 골목에

어느덧 명호와 그의 친구들은 도착했다.

"자! 다 왔어!"

"여기가 바로 우리 집이야."

정우의 말이 떨어지기도 전에

순간 명호의 눈에 커다란 별들이 유성처럼 스쳐 지나갔다.

"세……세상에."

"이……이런 집이 우리 동네에 있었다니!"

높게 쌓인 돌담이 성곽처럼 둘러져 있고

담장 위에 뾰족하게 드러나 있는 가시 철망.

정원사의 손에 잘 길들여진 사철나무들이

첫눈에 부잣집이란 것을 알게 해주었다.

놀란 명호의 두 눈 앞에선

어느새 2미터가 넘는 초록 철 대문이 열렸다.

"얘들아 ! 모두 어서 오려무나.
우리 정우의 생일에 와줘서 고맙다."

짧은 치마를 입고 예쁘게 화장을 한 정우 엄마가 문을 열어주며 말했다. 정우 엄마의 목소리엔 부드러움이 가득 흘렀다.

층층 계단 위를 환호성을 지르며
앞 다투어 뛰어 들어가는 친구들을 앞서 보내고
명호도 녹색 철 대문 안에 발을 들여놓으려는 순간이었다.
넓고 넓은 푸르른 정원의 잔디 위에
그림처럼 놓여 있는 초록 색깔의 커다란 탁구대가
명호의 작은 두 눈 안에 그림처럼 들어왔다.

"세상에 이 넓은 정원에 탁구대까지……."
걸음마저 멈춘 채 넋을 잃고 탁구대를 바라보던 명호를
정우가 크게 불렀다.

"뭐 해, 빨리 들어오지 않구!!"

"아……아 알았어, 알았어 정우야."

현관문을 향해 뛰어가는 명호의 눈동자에

탁구대가 사진처럼 박혀 있었다.

"히야, 이렇게 많은 음식은 처음이야!

할아버지 생신 때도 이런 상은 보질 못했어."

생일상을 바라보며 놀란 명호는 벌어진 입을

한동안 다물 수 없었다.

"오빠! 배고파!"

"국화빵 한 개만 사주라 오빠……."

순간, 밀가루죽도 감사히 먹는 동생들의
얄팍한 배가 명호의 가슴속에 필름처럼 지나갔다.

"오빠야, 풀빵 사주라. 오빠야, 배고프다아~."

어느덧 명호의 두 눈엔 이슬 같은 물방울이 맺혀 있었다.

"야! 이게 꿈이냐, 생시냐!"

"야! 명호야! 이것 먹어봐!"

"이게 바로 케이크란 거래."

영철이의 입은 쉬질 못했다.

쉬지 않고 입 안에 무언가들을 넣고 오물거리던 영철이는

하얀 눈덩이 같은 ‘케이크’ 란 것을

한 가득 입 안에 집어넣었다.

“어, 그래? 어……어디?”

어색하게 포크를

집어 든 명호의 손은

작게 떨렸다.

국화빵

"얘들아! 많이들 먹고 실컷 놀다 가렴."

정우 엄마가 부드러운 말투로 아이들을 향해 이야기했다.

모든 아이들이 정우의 엄마를 향하여 "예" 하고

대답을 하는 순간 명호는 상 위에 있는 과자 몇 개를

번개처럼 주머니에 집어넣었다.

"아……아무도 안 보았겠지?"

순간 누군가 명호의

어깨를 툭 쳤다.

"명호야! 너 탁구 잘 치냐?

아까 들어오면서 탁구대를 한참 보던데."

반장 정우가 손님 접대의 기본을 아는 듯

명호의 호기심에 관심을 보였다.

"으……으 으응."

"우리 탁구 치러 나갈래?"

"휴~"

명호는 그제야 안심하며 어색한 미소를 지어 보였다.

"으……응? 아, 그런데 나……난 탁구를 못 쳐!
한 번도 안 쳐봤어!"
수줍게 말하는 명호의 목소리는 호기심에 떨리고 있었다.

"히히 촌스럽기는, 내가 가르쳐줄게! 자! 나가자!"

정우와 명호가 정원으로 향하자

이내 아이들도 몰려 나갔다.

"야호! 야구 글러브도 있고 축구공도 있네?"

영철이가 신기한 듯이 야구 글러브를 만지작거릴 때

명호는 난생처음 탁구채를 잡아보았다 .

"자! 탁구채는 이렇게 잡는 거야!"

정우가 명호에게 탁구채 쥐는 법을 가르쳐주었다.

"이렇게?"

"그래 ! 아주

잘 잡는데?

역시 운동 신경이

뛰어난걸!"

반장 정우가 명호를 칭찬했다.

"와!
계란보다 작은 공이 진짜 잘 튕겨지네? 정말 신기한걸!"
흡사 거북이알처럼 생긴 탁구공을 탁구채에 튕겨보며
정우가 소리쳤다.

"자! 나를 잘 봐!"
"겨드랑이와 가슴 사이에
네 주먹이 들어갈 만큼 공간을 만들어!"
정우는 누구에게 배웠는지 그럴싸한 폼으로
명호를 훈련시키는 것이었다.

"이렇게?"
명호는 정우가 시키는 대로 얼른 포즈를 취했다.

"자, 가슴과 팔이 일직선이 되게 움직이는 거야."
정우는 계속해서 명호를 향해 포즈를 취하며 이야기했다.

"이렇게?"

명호는 신이 나서 따라 했다.

"그래 좋았어!"

뽀얀 얼굴의 정우는 역시나 하는 얼굴로

명호를 향해 환하게 웃었다.

"자! 그럼 이제 한번

튕겨볼까?"

정우의 말이

떨어지기도 전에

명호는 대답하고

있었다.

"좋았어!"

이때였다.

우르르 쾅!

콰르릉 번쩍!

순식간에 사라진 햇빛은 어느새
파란 하늘을 먹구름 천지로 만들어놓았다.
콰르릉거리는 하늘이 천둥과 번개를 등장시키자
굵은 빗방울이 앞 다투어 내리기 시작했다.

"뭐야! 신나고 놀고 있는데!

또 호랑이님께서 장가를 가시나?

에이, 갑자기 웬 소나기람?"

친구 영철이가 심술이 난 목소리로 투덜거렸다.

쏴아아아

쏴아아아

“아무래도 안 되겠어! 우리 안으로 들어가서 놀자!”

갑작스러운 소나기에 반장 정우는

들고 있던 탁구채로 머리를 가리며 말했다.

탁구채를 손에 든 채 잠시 아쉬워하던 명호의 이마 위에도

차가운 빗방울이 세차게 내리쳤다.

순간 명호는 아차 싶었다.

‘내가 지금 신고 있는

하늘색 운동화.’

탁, 탁, 탁,

쏴아아

하늘색 운동화 위로 빗방울이 튀어 올랐다.

"헉, 안 돼!"

갑자기 쏟아지던 빗방울은

잠자리 몸통처럼 굵었다.

시야가 뿌옇게 흐려져 앞이 보이지 않을 만큼이나

소나기는 그렇게 많이 내리고 있었다.

"아……아 안 돼.

마……만약 하늘색 크레파스가 지워지기라도 한다면!"

명호는 금방이라도 왈칵 눈물이 쏟아질 것 같았다.

하늘색 운동화를 신고 있는 명호의 두 다리는

정우네 정원 한쪽 구석에 놓여 있는 돌탑처럼

무겁게 고정되어버린 느낌이었다.

“명호야! 뭐 하고 있어?
어서 빨리 들어오라니까!”
현관에 서 있는 정우가
명호를 향해 한참을 소리 내어 부른 듯
안타까운 표정을 지으며
손짓하고 있었다.

“아……아, 아……안 돼!”
“이……이대론 더 이상 도저히.”
손에 쥐여 있던 탁구채가
비에 젖은 땅 위에 힘없이 곤두박질치는 순간
명호의 어깨는 심하게 흔들리고 있었다.

명호는 초록색 철 대문을 향해 달렸다.

"명호야! 며……명호야!"

멀리서 정우의 목소리가

빗소리와 함께 들렸다.

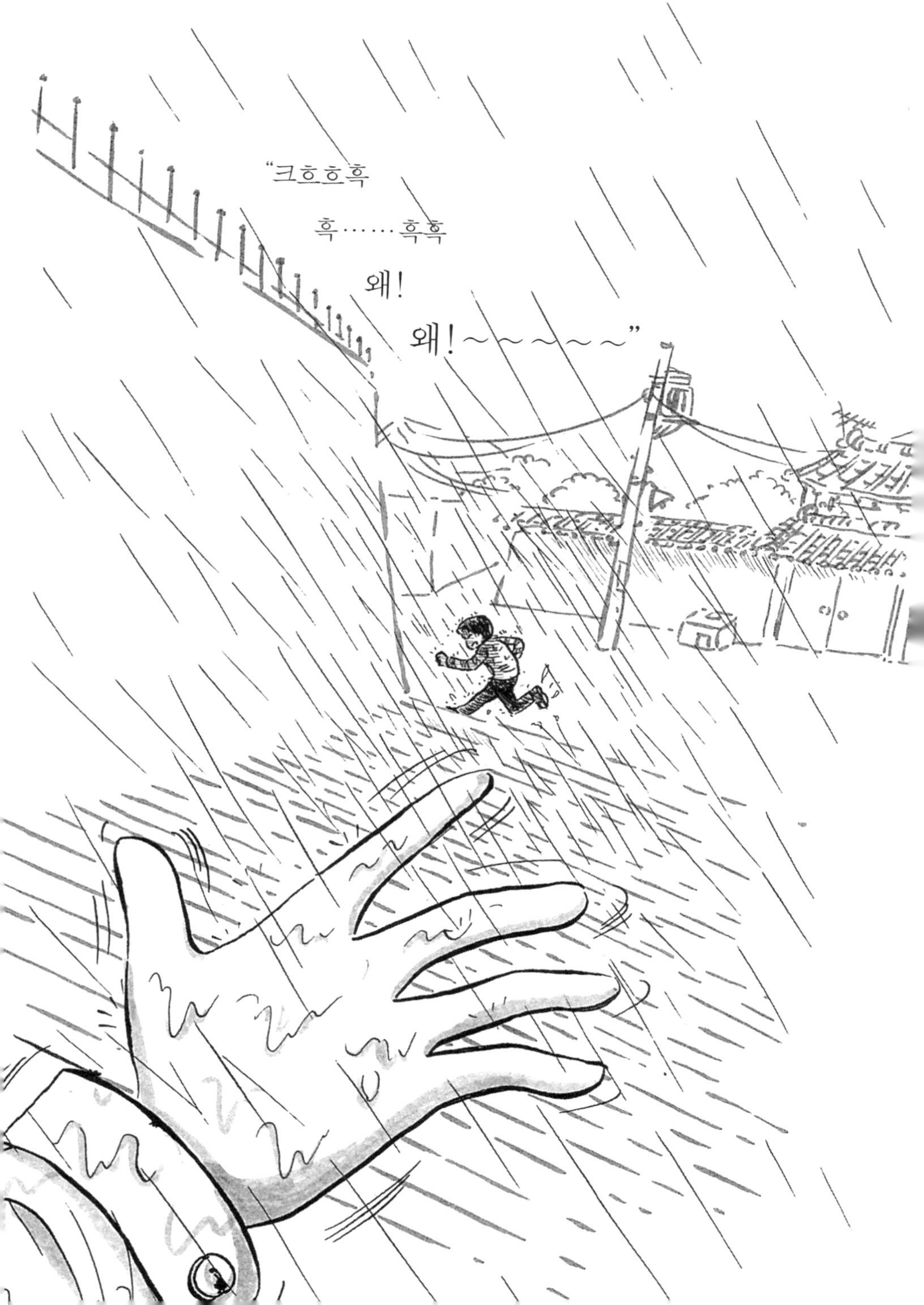
"크흐흐흑
흑……흑흑
왜!
왜!~~~~~~"

수십 개가 넘는 계단을 단숨에 뛰어 내려가며 명호는

장대처럼 쏟아지는 굵은 빗줄기 사이로

소리라도 치고 싶었지만

가슴속 말들은 더더욱 안으로만 잠겨들었다.

‘왜! 왜! 왜! 왜!

우리집은 왜!

이렇게, 왜 이렇게……

왜…… 왜!!!”

명호의 서럽고도 답답한 가슴은, 달리는 두 다리는…….

그 마음은…….

저 멀리 우주 끝까지라도 달려갈 것만 같았다.

빗길 속을 뛰어가는 명호의 서러운 얼굴엔
소나기보다도 굵은 눈물방울이 뜨겁게 뜨겁게
아카시아 꽃잎처럼 흩날리고 또 흩날렸다.

서러운 명호의 마음은 그렇게
지구 끝까지, 아니 달나라 우주 끝까지도
달려가고 있었다.

타닥타닥

타닥

비닐 우산 위에 떨어지는 빗방울 소리를
유난히 좋아하던 미경이 역시나 비닐 우산을 집어 들고
작은 산마을을 한 바퀴 돌다 집에 들어오던 길이었다.

파란 비닐 우산 위로 튀어 오르는 빗방울 소리가
툇마루 앞에서 멈추려는 순간이었다.

댓돌 아래 초라하기 이를 데 없는 언니의 빨간 운동화가,
아니 오빠의 하늘색 운동화가 비에 젖은 채
가랑잎처럼 나뒹굴어 있었다.

"잉? 오빠야가 벌써?"

예상보다 빨리 와 있는 오빠 명호를 반갑게 부르며
우산을 집어 던진 미경은 방문을 활짝 열고 달려 들어갔다.

좁은 방 한구석엔
흠뻑 비에 젖은 오빠가 쭈그린 채 자고 있었다.
금방이라도 짜면 물이 한 양동이쯤은 나올 듯한 모습으로.

미경은 오빠의 어깨를 잡아 흔들어보았다.

"오빠! 오빠!"

오빠는 아주 멀리 잠나라에 간 듯 꼼짝하지 않았다.

오빠의 얼굴을 바라보던 미경은

왠지 불길한 예감에 밖을 내다보았다.

"무슨 일이지?

엥?"

미경은 닫아놓은 방문을 다시 열며
장대처럼 쏟아지는 굵은 비 사이로
흙탕물로 뒤범벅되어 빛깔조차 알 수 없는
오빠의 하늘색 운동화를 바라보았다.

흙탕물이 배어 황토색이 되어버린
낡은 하늘색 운동화가 웬일인지 미경이는 슬퍼 보였다.

흙탕물로 옷을 입은 하늘색 운동화가

오빠의 서러움을 대신 이야기해주는 것 같았다.

오빠가 왜 그토록 서러운 몸짓으로 낮잠을 자고 있는지,

신발은 왜 그렇게 고아처럼 버려져 있는지를.

언제나 눈빛 하나만으로도

수많은 놀이를 함께 시작하던 천생연분 뜻 맞는 오누이였기에

어린 미경은 그 누구보다 오빠 명호를 잘 알고 있었다.

좁은 앞마당에

한없이 비를 맞고 누워 있는 하늘색 운동화와

비에 젖은 채 잠 속으로 웅크려 들어가버린 오빠를

번갈아보던 미경도

오빠의 마음처럼 서러워진다.

그날,

소나기가 그칠 줄 모르고 장맛비처럼 내렸던

그 어느 날…….

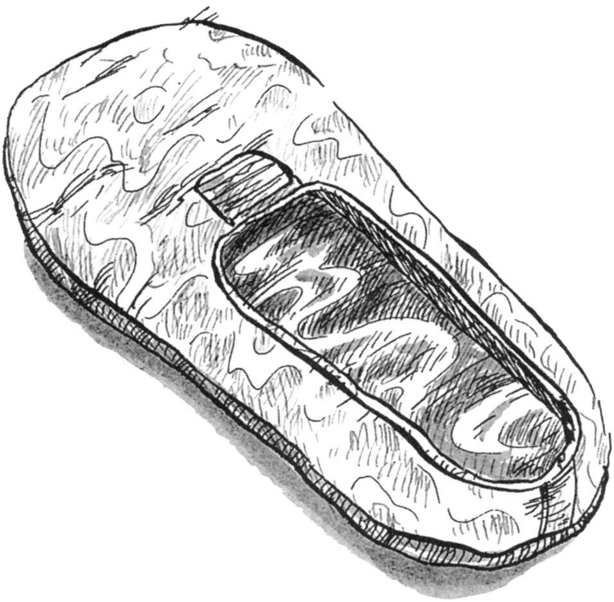

오빠, 기억나?

그 젖은 운동화가!

아주 오래전 그 마을

연둣빛 맑은 소나기가

작은 산동네를 적시고 또 울리며 내리던 그날 말이야

그날

비에 젖어 흙탕물에 뒤범벅되어 버려져 있던

오빠의 젖은 운동화

그것은 어쩌면 가난이라는 굴레가 만들어준

날 수 없었던 오빠의 작은 날개였을지 몰라

지금은 이토록 흔한 운동화 한 켤레가

그 시절 우리에겐 그토록 깊은 아픔이었지.

시린 서러움이었지.

오빠, 이제 두렵지 않아

때때로 함께 건너온 징검다리 인생에 우리는 작고 큰 소나기를 만나지만

그림자 없는 태양은

희망은

항상 소나기 뒤에서 환하게 웃고 있잖아

오빠

이제, 그 시절 비에 젖었던 오빠의 무거운 날개를 들어

우리 함께 하늘색 꿈을 신고 저 우주 끝까지 날아봐

퇴색되지 않은 오빠의 꿈을 태양은 분명히 말려줄 거야

그 시절 푸른 꿈을 안고

오빠 다시 한번 날아봐

우리 함께…….

와룡동의 아이들 2
하늘색 운동화

초판 인쇄 | 2007년 12월 7일
초판 발행 | 2007년 12월 17일

지 은 이 | 전하리
펴 낸 이 | 김정순
펴 낸 곳 | (주)북하우스
출판등록 | 1997년 9월 23일 제406-2003-055호

주 소 | 413-756 경기도 파주시 교하읍 문발리 파주출판도시 513-8
전자메일 | editor@bookhouse.co.kr
홈페이지 | www.bookhouse.co.kr
블 로 그 | blog.naver.com/bookhouse11
전화번호 | 031-955-2555
팩 스 | 031-955-3555

ISBN 978-89-5605-222-9 03810
978-89-5605-220-5 (세트)

이 도서의 국립중앙도서관 출판도서목록(CIP)은 e-CIP 홈페이지(http://www.nl.go.kr/cip.php)에서
이용하실 수 있습니다.(CIP제어번호:CIP2007003821)

기후변화

CLIMATE CHANGE: A Very Short Introduction, Fourth Edition

First edition was originally published in English in 2004.
Korean translation rights arranged with Oxford University Press through EYA(Eric Yang Agency).

첫단추 시리즈
050

기후변화

마크 매슬린 지음
신봉아 옮김

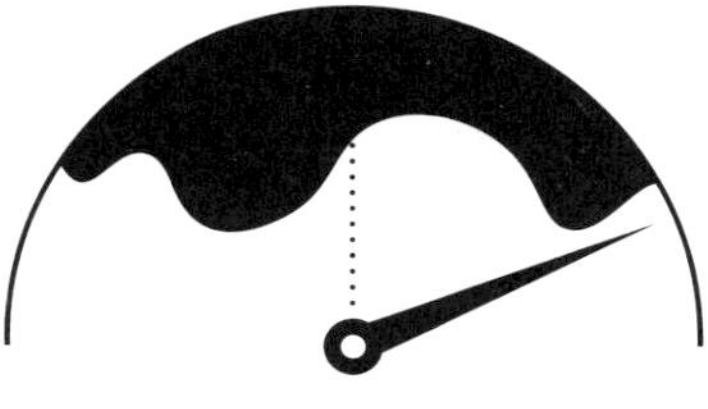

교유서가

일러두기

본문 중 도판을 제외한 〔 〕는 모두 옮긴이 주(註)다.

언제나 문제보다는 해결책에 주목했던
크리스 페이스(1968~2006), 닉 섀클턴(1937~2006),
앤 매슬린(1943~2020)에게 이 책을 바칩니다.

차례

머리말

기후변화는 환경파괴, 세계 불평등, 안보 불안과 더불어 21세기를 특징짓는 4대 과제 중 하나다. 기후변화는 지속적으로 지구의 기온 및 해수면을 상승시킬 것이다. 또한 수십억 인구의 건강과 생계를 위협하는 가뭄, 폭염, 홍수, 폭우를 증가시킬 것이다. 이러한 기후변화의 강도는 우리가 온실가스 저감을 위해 지금 무엇을 하느냐에 따라 달라질 것이다.

지난 30년 동안 인간의 활동으로 인한 이산화탄소 배출은 두 배 증가했다. 이것은 세계의 지도자들이 기후변화 대응에 단체로 실패했다는 것을 의미한다. 코로나19 팬데믹으로 인해 2020년과 2021년이 경황없이 지나가고 있음에도 불구하고, 기후변화를 둘러싼 지정학적 풍경은 지각변동 수준으로 변화하고 있다〔도판1〕. 2019년 6월 영국 의회는 2008년에 제정했던 기후변화법을 개정해 영국 정부가 2050년까지 전국 온실가스 순배출을 제로(0)로 줄일 것을 요구했다. 2021년 영국은 탄소 배출을 2030년까지 78퍼센트 감축하겠다는 중간 목표를 발표했다. 유럽연합집행위원회(EC)는 6년 전 목표치였던 40퍼센트를 상향 조정해, 2030년까지 유럽연합(EU)의 탄소 배출을 1990년 대비 최소 55퍼센트 감축하겠다고 발표했다. 이는 2050년까지 탄소중립을 달성하겠다는 유럽연합의 중대한 공약을 위해 큰 발걸음을 내디딘 것이다. 2020년 9월 시진핑 중국 국가주석은 뉴욕 유엔총회 화상 연설에서 2030년이 되기 전에 중국 내 탄소 배출의 정점을 찍고 2060년까지 장기 목표에 따라 탄소중립에 도달하도록 하겠다고 발표했다. 중국은 전 세계 탄소 배출의 약 28퍼센트를 차지하는 세계 최대 탄소 배출국으로, 이전까지 장기적인 탄소 배출 목표를 내놓은 적이 없었다.

2021년에는 세계 탄소 배출의 약 15퍼센트를 차지하는 세계 2위의 탄소 배출국인 미국이 기후 협상 테이블로 다시 돌아왔다. 2020년 트럼프 대통령은 2015년 체결된 파리 기후변화협약에서 미국의 탈퇴를 선언했다. 새로 취임한 바이든 대통령은 파리기후변화협약에 다시 미국을 참여시키고 국제 공조를 통한 기후변화 대응의 강력한 지지자가 되었다. 2021년,

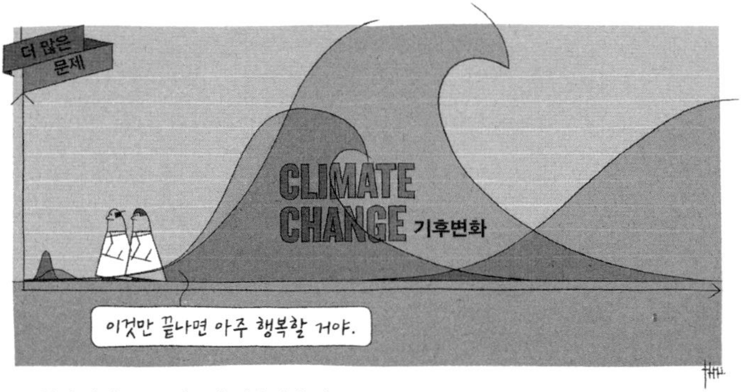

1. 확산 완화: 코로나19와 기후변화 비교.

미국은 2030년까지 탄소 배출 50퍼센트 감축, 2050년까지 탄소 순배출 제로 달성을 공약했다. 또한, 바이든 대통령은 트럼프 전임 대통령이 폐지한 환경규제를 복원하고, 온실가스 배출 저감을 위한 주요 정책을 도입하고, 신재생에너지와 미국의 친환경 경제를 위한 연방 지원을 대폭 확대했다. 10여 년 만에 처음으로, 세계 각국이 온실가스 배출을 큰 폭으로 줄여 더 깨끗하고 친환경적이고 안전하고 건강하고 지속가능한 세상을 향한 여정을 시작하리라는 희망이 생겨났다.

약어 설명

AABW	Antarctic Bottom Water. 남극저층수
AO	Arctic oscillation. 북극 진동
AOGCM	atmosphere – ocean general circulation model. 대기 – 해양 대순환모델
AOSIS	Alliance of Small Island States. 군소도서국가연합
AR	IPCC Assessment Report. IPCC 평가보고서
CCS	carbon capture and storage. 탄소 포집 및 저장
CDM	Clean Development Mechanism. 청정개발체제
CFCs	chlorofluorocarbons. 염화플루오린화탄소
CH_4	methane. 메탄

CMA3 third meeting of the parties to the Paris Agreement. 제3차 파리협약 당사국회의

CMIP Coupled Model Intercomparison Projects. 결합모델 상호비교 프로젝트

CO_2 carbon dioxide. 이산화탄소

COP Conference of the Parties. 당사국총회

ECS equilibrium climate sensitivity. 평형기후민감도

ENSO El Niño–Southern Oscillation. 엘니뇨 남방진동

ETS Emissions Trading Scheme. 배출권거래제

G8 Group of Eight. 선진 8개국

GCM general circulation model. 대순환모델

GCR galactic cosmic ray. 은하우주선

GDP gross domestic product. 국내총생산

GHCN Global Historical Climate Network. 국제역사기후네트워크

GHG greenhouse gas. 온실가스

GMT global mean temperature. 지구평균온도

Gt gigatons. 기가톤

GtC gigatonnes of carbon. 탄소 기가톤

HCO_3^- calcium bicarbonate. 탄산수소칼슘

IEA	International Energy Agency. 국제에너지기구
IMF	International Monetary Fund. 국제통화기금
IPCC	Intergovernmental Panel on Climate Change. 기후변화에 관한 정부 간 협의체
MAT	marine air temperature. 해양 대기 온도
MW	megawatts. 메가와트
NADW	North Atlantic Deep Water. 북대서양심층수
NAO	North Atlantic Oscillation. 북대서양 진동
NASA	National Aeronautics and Space Administration. 미국 항공우주국
NGO	non-governmental organization. 비정부기구
N_2O	nitrous oxide. 아산화질소
NOAA	National Oceanic and Atmospheric Administration. 미국 해양기상청
NRC	National Research Council (USA). 미국 국립연구위원회
NSA	National Security Agency (USA). 미국 국가안전보장국
OECD	Organization for Economic Cooperation and Development. 경제협력개발기구
OPEC	Organization of the Petroleum Exporting Countries. 석유수출국기구
PETM	Palaeocene–Eocene Thermal Maximum.

팔레오세-에오세 최고온기

ppbv parts per billion by volume. 부피당 10억 분의 1

ppmv parts per million by volume. 부피당 100만 분의 1

pptv parts per trillion by volume. 부피당 1조 분의 1

RCP representative concentration pathway. 대표농도경로

REDD+ Reduced Emissions from Deforestation and Forest Degradation, including safeguards for local people. 산지전용 및 산림황폐화로 인한 배출 감축, 현지인 보호 포함

SRES Special Report on Emission Scenarios by the IPCC(2000).
온실가스 배출 시나리오에 관한 IPCC 특별보고서

SSP shared socioeconomic pathway. 공통사회경제경로

SST sea-surface temperature. 해수면 온도

UNCED United Nations Conference on Environment and Development. 유엔환경개발회의

UNFCCC United Nations Framework Convention on Climate Change. 유엔기후변화협약

VBD vector-borne disease. 매개체 전염병

WHO World Health Organization. 세계보건기구

WTO World Trade Organization. 세계무역기구

제 1 장

기후변화란 무엇인가?

기후변화는 세계 불평등, 환경파괴, 안보 불안과 함께 21세기의 주요 과제다. 문제는 '기후변화'가 단순히 과학의 영역이 아니라 경제, 사회, 역사, 지정학, 정치, 법, 보건을 비롯한 여러 분야를 아우른다는 것이다. 이번 장에서는 과거 세계 기후변화에서의 온실가스(GHG)의 역할, 산업혁명 이후 온실가스의 증가 원인, 온실가스가 위험한 오염물질로 여겨지는 이유를 살펴본다. 또한 지금까지의 온실가스 최대 배출국 및 급격한 경제성장으로 인한 온실가스 배출 순위 변동을 알아본다. 더불어, '기후변화에 관한 정부 간 협의체(IPCC)'의 역할을 알리고 이 기관이 기후변화와 관련된 최신 증거를 정기적으로 수집하고 평가하는 방식을 소개한다.

지구의 자연적인 온실효과

지구의 온도는 태양으로부터 얻는 에너지와 우주로 손실되는 에너지가 균형을 맞추며 결정된다. 태양에너지는 단파복사(주로 가시광선과 자외선복사)로 이루어져 있으며 이 중 대부분은 무리 없이 대기를 통과한다〔도판2〕. 유일한 예외는 고에너지 자외선인데 이것은 대기 중 오존에 의해 흡수된다. 태양에너지의 3분의 1은 곧바로 우주로 반사된다. 나머지 에너지는 지표면에 흡수된다. 이 에너지는 땅과 바다를 데우고 이 열기는 장파 적외선 혹은 '열'복사를 통해 다시 방출된다.

수증기, 이산화탄소(CO_2), 메탄(CH_4), 아산화질소(N_2O) 같은 가스는 이 장파복사 중 일부를 흡수해 대기를 따뜻하게 데우므로 온실가스라고 불린다. 온실효과는 대기 중에서 측정 가능하며 실험실에서도 반복적으로 재현될 수 있다. 이 자연적인 온실효과가 없다면 지구 기온은 지금보다 적어도 35도 낮아져 열대지방의 평균기온이 영하 10도 안팎에 불과할 것이다. 산업혁명 이래, 우리는 수억 년간 매장되어 있던 화석연료(석유, 석탄, 천연가스)를 연소함으로써 이산화탄소와 메탄을 대기에 방출해왔다. 이로 인해 '온실효과'가 증가했고 지구 기온이 상승했다. 우리는 사실상 화석화된 태양광을 태우고 있는 셈이다.

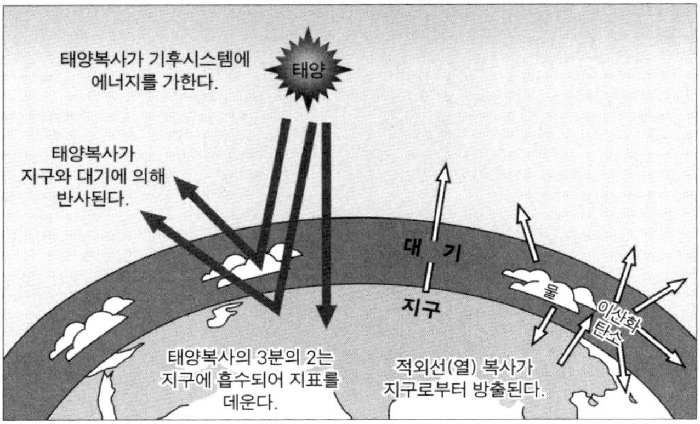

2. 온실효과. 온실가스는 태양의 열기 일부를 머금고 있다가 방출하여 대기를 데운다.

과거의 기후

지질시대의 기후변화는 해양 및 호수의 침전물, 빙하코어, 동굴 퇴적물, 나무의 나이테 등 여러 자료를 통해 재구성할 수 있다. 이런 다양한 자료에 따르면 지구 대기는 지난 5000만 년간 서서히 차가워졌다. 에오세(Eocene世)의 온난하고 정적이었던 일명 '온실 세계'가 오늘날의 서늘하고 역동적인 '냉동고 세계'로 바뀐 것이다. 급격한 지구온난화에 대한 우려가 이 책의 주제인데 지질학적 맥락에서 우리 지구가 아주 차가운 상태라는 건 언뜻 이상하게 들리기도 한다. 하지만 이는 남극과 그린란드의 거대한 빙상 및 북극해의 반영구적인 해빙(海氷)의 존재로 인해 세계의 기후가 온실가스 변화에 아주 민감하게 반응하기 때문에 발생하는 문제다.

지구의 장기적인 냉각은 약 3500만 년 전 남극의 빙하 형성과 함께 시작되었고 약 250만 년 전부터 시작된 북반구 대빙하기로 인해 가속되었다. 대빙하기 이래, 세계 기후는 오늘날과 비슷하거나 약간 따뜻한 시기와 본격적인 빙하기 사이를 오갔으며 본격적인 빙하기에는 북미와 유럽에 두께 3킬로미터 이상의 빙상이 형성되었다. 250만 년 전부터 100만 년 전까지 빙하기와 간빙기의 주기는 4만 1000년이었고, 100만 년 전부터 현재까지는 그 주기가 10만 년이다.

이러한 빙하기의 주기는 주로 태양에 대한 지구의 공전궤도 변화에 따라 달라진다. 250만 년 전부터 대략 80퍼센트의 기간 동안 지구는 기온이 현재보다 더 낮았다. 간빙기에 해당하는 지금의 홀로세는 약 1만 년 전 시작되었으며 이는 각각의 빙하기 사이에 나타나는 잠깐 동안의 따뜻한 시기이다. 홀로세는 마지막 빙하기가 끝나고 갑작스럽고도 극적으로 시작되었다. 4000년도 안 되는 짧은 시간 만에 지구 기온은 6도, 해수면은 120미터 상승했고 대기 중 이산화탄소는 3분의 1배, 대기 중 메탄은 2배 증가했다.

하지만 이러한 변화 속도는 오늘날 우리가 목격하고 있는 변화보다 훨씬 느린 것이다. 제임스 러브록(James Lovelock)은 저서 『가이아의 시대*The Ages of Gaia*』에서 홀로세 같은 간빙기는 지구가 고열에 시달리는 상태를 의미하며, 지난 250만 년을 돌아보면 지구의 평균기온은 이보다 훨씬 낮았던 것이 분명하다고 말하고 있다. 러브록은 이미 고열에 시달리는 지구를 인류가 더 못살게 구는 것이 지구온난화라고 생각한다. 과거의 주요한 지구 기후변화는 『기후*Climate: A Very Short Introduction*』에서 더 자세히 다루고 있다.

과거의 이산화탄소의 변화

대기 중 이산화탄소가 세계 기후를 조절하는 중요한 요소임을 보여주는 과학적 증거 중 하나는 과거의 기후에 대한 연구다. 과거의 온실가스와 기온 변화를 보여주는 증거는 남극과 그린란드에서 수집한 빙하코어를 통해 얻을 수 있다. 처음 내렸을 때의 눈은 가볍고 폭신하고 공기 함량이 높다. 눈이 더 많이 내리면 오래된 눈은 서서히 압축되어 얼음 형태로 바뀌는데, 이때 그 얼음 안에 일부 기포가 갇히게 된다. 과학자들은 고대의 얼음에 갇힌 공기를 추출해 과거의 대기 중 온실가스 비율을 측정할 수 있었다. 과학자들은 그린란드와 남극의 빙상을 각각 3.2킬로미터 이상 파내려갔고 이를 통해 지난 백만 년간 대기 중에 존재했던 온실가스의 양을 재구성했다. 빙하코어를 구성하는 얼음 속의 산소와 수소 동위원소를 분석하면 이 얼음이 처음 응결될 당시의 기온을 추정할 수 있다.

결과는 충격적이었다. 대기 중 이산화탄소와 메탄 같은 온실가스의 비율은 지난 80만 년간의 기온과 동일하게 변화했다〔도판3〕. 빙하기와 간빙기의 주기적인 변화는 기온과 대기 중 온실가스 비율에서 모두 확인된다. 이 결과는 대기 중 온실가스와 전 세계 기온이 밀접하게 연관되어 있다는 주장에 힘을 실어준다. 이산화탄소와 메탄이 증가하면 기온은 상승했고, 이산화탄소와 메탄이 감소하면 기온은 하락했다.

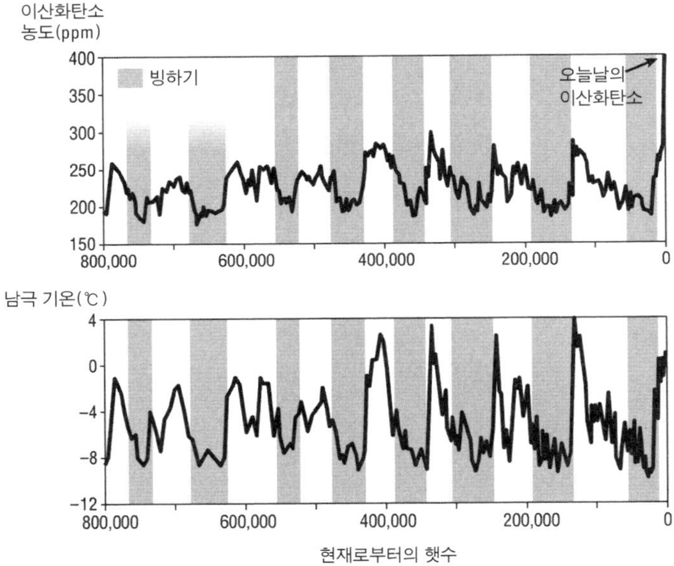

3. 빙하코어에 기록된 여덟 차례 빙하기 동안의 온실가스 및 기온.

초기 농업인

그린란드와 남극 대륙 가장자리에서 얻은 해상도가 높은 빙하코어를 관찰한 바에 의하면, 대기 중 온실가스는 산업혁명 이전인 1700년대에도 약간씩 증가했다. 버지니아대학교의 고기후학(古氣候學) 교수 빌 러디먼(Bill Ruddiman)은 초기 농업인들이 온실가스의 자연적인 감소 추세를 역전시켰다고 본다. 산림벌채와 토지 개간은 약 7000년 전부터 대기 중 이산화탄소의 증가를 촉발했고, 논농사와 목축업의 확대는 약 5000년 전부터 대기 중 메탄가스 증가를 야기했다. 초기 인류는 산업화 이전부터 이미 자연과의 상호작용을 통해 대기 중 온실가스를 증가시켜 다음 빙하기의 시작을 늦춘 것으로 보인다. 그런 일이 없었더라면 차기 빙하기는 향후 1000년 안에 서서히 시작되었을 것이다.

산업혁명

산업혁명이 시작된 이래로 대기 중 이산화탄소가 계속 상승 중이라는 명백한 증거가 있다. 대기 중 이산화탄소 농도를 처음 측정한 시기는 1958년으로, 위치는 하와이의 해발 4000미터 마우나로아산 정상이었다. 측정 위치는 현지의 오염원에서 멀리 떨어진 곳이었다. 이 기록을 통해 대기 중 이산화탄소 농도가 1958년부터 매년 꾸준히 상승했음을 명확히 알 수 있다. 1958년의 이산화탄소 평균 농도는 316ppmv(부피당 100만 분의 1)였지만 오늘날에는 420ppmv 이상으로 증가했다〔도판4〕. 마우나로아 관측소의 연간 이산화탄소 변화는 대부분 식물이 성장하면서 흡수하는 이산화탄소의 양으로 인해 발생한다. 북반구는 육지의 면적이 넓어 봄철에 식물의 이산화탄소 흡수량이 가장 높고, 따라서 매년 봄이면 대기 중 이산화탄소 농도가 감소한다. 하지만 안타깝게도 이것이 전반적인 이산화탄소 증가 추세를 막지는 못한다.

마우나로아 관측소의 이산화탄소 데이터와 구체적인 빙하코어 증거를 결합하면 산업혁명 이래 대기 중 이산화탄소의 변화에 관한 온전한 그림을 그릴 수 있다. 이에 따르면, 대기 중 이산화탄소는 산업화 이전에 약 280ppmv였다가 현재 420ppmv 이상으로 증가했으며, 이는 45퍼센트 이상 증가한 수치다. 이것을 더 큰 맥락에서 한번 살펴보자. 빙하코어 증거에 따르면 지난 80만 년간 대기 중 이산화탄소의 자연적인 변화는 약 200ppmv에서 280ppmv 사이이다. 따뜻한 시기와 추운 시기의 편차는 대략 80ppmv인데, 이것은 지난 100년간 인간이 배출한 이산화탄소 오염물질보다 적은 수치다. 인간이 한 세기 동안 야기한 오염의 영향이 수천 년에 걸친 자연적 변화보다 더 컸던 것이다.

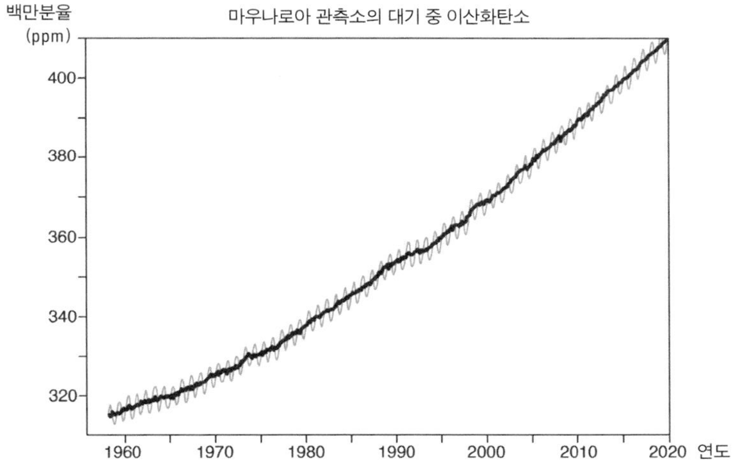

4. 마우나로아 관측소의 대기 중 이산화탄소 측정값.

오염의 주범은?

유엔기후변화협약(United Nations Framework Convention on Climate Change, UNFCCC)은 전 세계 온실가스 감축에 관한 최초의 국제협약을 위해 만들어졌다. 국가마다 이산화탄소 배출량이 제각각 다르므로 이는 간단한 일이 아니다. 기후변화에 관한 정부 간 협의체에 따르면(자료1 참조), 이산화탄소 배출의 최대 원인은 화석연료의 연소다. 전 세계 이산화탄소 배출의 85퍼센트 이상은 에너지 생산, 산업공정, 운송에서 발생한다. 이러한 배출량은 전 세계에 고르게 분포되어 있지 않은데 이는 산업과 부의 불평등한 분배 탓이다. 북미, 유럽, 아시아는 전 세계 산업 생산 관련 이산화탄소의 90퍼센트 이상을 배출한다〔도판5〕. 또한 역사적으로 개발도상국은 선진국보다 이산화탄소를 훨씬 적게 배출해왔다.

전 세계 이산화탄소 배출의 10~15퍼센트를 차지하는 두 번째 주요 원인은 토지 용도의 변경이다. 주로 농업, 도시화, 도로 건설을 위한 산림벌채로 인해 발생한다. 열대우림이 벌목되면 그 땅은 보통 이산화탄소 저장 능력이 현저히 떨어지는 초원으로 바뀐다. 따라서 이산화탄소 배출의 패턴이 바뀌는데, 오늘날 토지 용도의 변경으로 인한 이산화탄소 배출의 90퍼센트 이상을 남미, 아시아, 아프리카가 차지하고 있다. 여기서 중요한 윤리적 질문이 제기된다. 북미와 유럽이 20세기

기후변화에 관한 정부 간 협의체(IPCC)란?

기후변화에 관한 정부 간 협의체(Intergovernmental Panel on Climate Change, 이하 IPCC)는 1988년 지구온난화 문제를 해결하기 위해 유엔환경계획(UNEP)과 세계기상기구(WMO)가 공동으로 설립했다. IPCC는 기후변화의 과학·환경·사회경제적 영향과 그 대응 전략을 비롯해 여러 측면의 기후변화 관련 지식을 지속적으로 평가하는 것을 목적으로 한다. 과학 연구를 독자적으로 진행하는 것이 아니라 전 세계에서 출판된 모든 주요 연구 결과를 종합하여 일치된 의견을 도출한다. 지금까지 여섯 차례 주요 IPCC 보고서(1990년, 1996년, 2001년, 2007년, 2013/2014년, 2021/2022년)를 발행했으며 탄소 배출 시나리오, 대체에너지 자원, 해양, 토지 이용, 기상이변 등의 주제에 관한 개별 전문 보고서도 발행하고 있다.
IPCC는 기후변화에 대해 가장 권위 있고 과학적이며 기술적인 목소리를 내는 단체로 인정받고 있으며, IPCC의 평가는 유엔기후변화협약의 협상가들에게 큰 영향을 끼친다. IPCC는 세 개의 실무그룹과 각국에서 배출되는 온실가스의 양을 측정하는 태스크포스로 구성된다. 이 네 그룹에는 각각 두 명의 공동의장(선진국과 개발도상국에서 각각 한 명씩)과 기술지원팀이 있다. 제1실무그룹은 기후시스템과 기후변화의 과학적 측면을 평가하고, 제2실무그룹은 기후변화에 대한 인류와 자연의 취약성 및 기후변화 적응 옵션을 평가하며, 제3실무그룹은 온실가스 배출 제한 및 기타 기후변화 완화 방안을 평가한다.
IPCC는 각국 정부에 세계 기후변화 위험 평가 및 대응 개발과 관련된 과학·기술·사회경제 정보를 제공한다. 세 개의 실무그룹이 참여한 가장 최근의 보고서는 2021년 출간되었다. 120여 개국의 전문가 500여 명이 이 보고서의 초안, 수정안, 최종안 작성에 직접 참여했으며 그 밖에 수천 명의 전문가들이 검토 작업을 도왔다. IPCC 보고서 작성자들은 각국 정부와 비정부기구를 비롯한 국제단체에 의해 임명된다. 이 보고서는 기후변화에 관심 있는 모든 이들에게 필수적인 자료로, 이 책 말미의 '읽을거리' 항목에 자세히 소개하고 있다. IPCC는 앨 고어와 공동으로 2008년 노벨평화상을 수상해 지난 20년간의 업적을 인정받았다.

초에 이미 산림벌채를 상당히 진행시켜놓은 마당에, 나머지 국가들에게 벌목 중단을 요구하기가 어렵기 때문이다. 또한 산업공정으로 인한 이산화탄소 배출이 토지 용도 변경으로 인한 이산화탄소 배출보다 영향력이 크다.

산업혁명 이후 인류로 인해 증가한 대기 중 이산화탄소는 거의 500억 톤에 달하지만, 이는 실제 총 배출량의 절반에 불과하다. 나머지 절반은 지구에 흡수되었는데 25퍼센트는 바다로, 25퍼센트는 육지 생물권으로 유입되었다. 과학자들은 우리가 배출한 탄소가 추후 이 정도 수준으로 계속 흡수되지 않을 가능성이 있다고 우려한다. 전 세계 기온 상승으로 인해 바닷물 온도가 상승하면 용해될 수 있는 이산화탄소의 양이 줄어들기 때문이다. 우리가 농업과 도시화를 위해 산림벌채

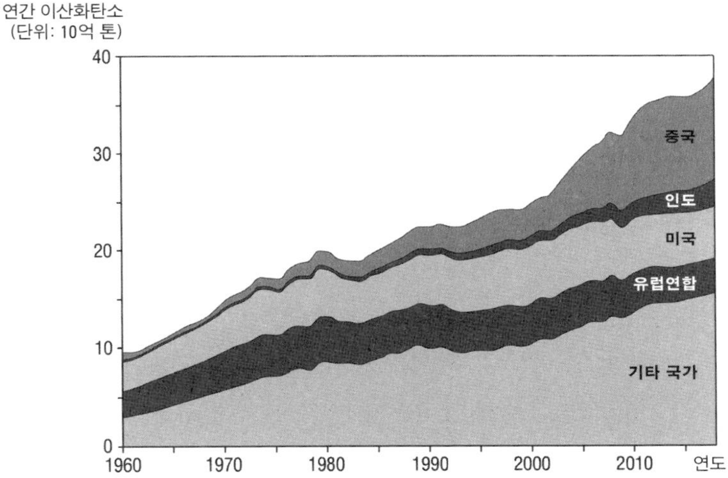

5. 지역별 역대 이산화탄소 배출량.

를 계속한다면 이산화탄소를 저장할 수 있는 초목이 줄어들 것이고 이로 인해 우리가 배출하는 탄소의 흡수량도 감소할 것이다〔도판6〕.

18세기 산업혁명 이후 대기 중 온실가스 농도가 증가 추세라는 명확한 증거가 있다. 대기 중 이산화탄소와 메탄가스의 농도는 지난 300만 년을 통틀어 현재 가장 높은 수준이다. 최근 100년 동안 우리가 대기에 배출한 탄소는 마지막 빙하기부터 현재의 간빙기까지 4000년간 배출된 탄소의 무려 1.5배 이상이다.

최근의 대기 중 온실가스 농도 변화가 세계 기온 상승을 촉발했다는 것이 현재 과학계의 중론이다. 1880년 이후 세계 평균 표면온도는 1.1도 상승했다. 온난화와 더불어 바다의 온도가 많이 높아지고 해수면이 24센티미터 이상 상승했으며 북극해 얼음은 50퍼센트 감소하고 기상이변 발생 건수가 늘어났다. 인류의 탄소 배출로 발생한 기후변화가 인류 사회를 위협하는 일은 점점 더 잦아질 것이다.

기후변화에 대한 과학적, 정치적 해결책 외에 기타 잠재적 해결책은 이 책의 나머지 부분에서 다룰 예정이다. 2장은 기후변화가 세계적 이슈로 부상한 과정에 대해 이야기한다. 3장과 4장은 기후변화에 대한 현재의 과학적 증거 및 과학자들이 향후 탄소 배출 변화에 따라 기후변화를 예측하는 기후모델

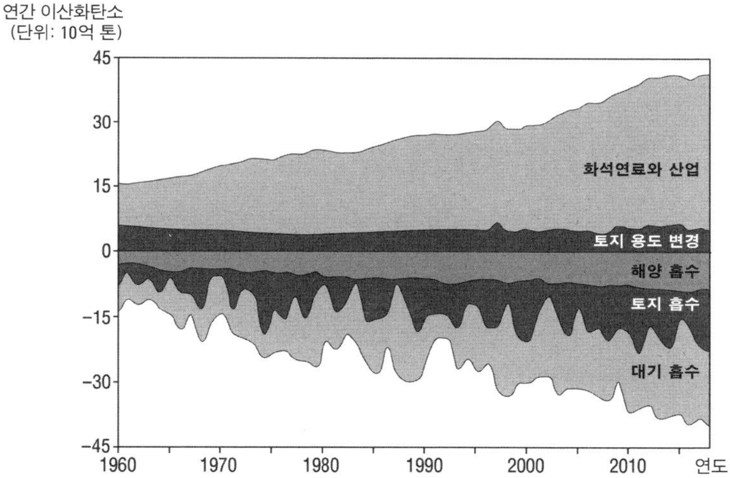

6. 지구의 이산화탄소 배출원과 흡수원 추이.

링 과정을 다룬다. 5장과 6장은 이러한 미래 기후변화의 영향과 기후변화를 가속화하는 기후시스템 내의 숨겨져 있을 악재를 분석한다. 7장과 8장은 기후변화의 정치적 측면과 우리가 향후 선택할 수 있는 정치·경제·기술적 해결책을 조사한다. 마지막 9장은 앞으로의 탄소 배출에 따른 다양한 미래 전망을 제공하고 기후변화 위기 해결을 위한 여러 방법을 논의한다.

제 2 장

기후변화의 역사

과학자들은 지금처럼 탄소가 배출되면 80년 후 지구의 기온이 1.5도~4.7도 상승할 것으로 예상한다. 경제학자들은 이렇게 될 경우 전 세계 국내총생산(GDP)의 20퍼센트가 이를 뒷감당하는 데 쓰일 수 있다고 전망한다. 이러한 위협에 맞서 기후변화의 역사와 기후변화를 뒷받침하는 증거를 이해하는 일이 시급하다. 기후변화에 관한 기본적인 연구는 1950년대 말에 전부 이뤄졌지만, 1980년대 말까지 진지하게 받아들여지지 않았다. 하지만 그 이후 기후변화는 인류가 직면한 가장 중대한 과학·정치적 이슈 중 하나로 떠올랐다.

오래된 연구

기후변화 연구의 역사는 짧지 않다. 유니스 뉴턴 푸트(Eunice Newton Foote, 미국 과학자, 발명가, 여성 인권 운동가)가 이산화탄소의 온실효과를 입증하는 논문을 발표한 1856년이 그 시작이라고 할 수 있다. 푸트는 실린더와 수은온도계를 이용해, 각기 다른 기체를 채운 실린더에 직사광선을 쬐었을 때 이산화탄소가 들어 있는 실린더가 가장 열을 많이 흡수한다는 사실을 발견했다. 푸트는 지구의 역사를 되짚어보며 다음의 가설을 세웠다. '이산화탄소로 이루어진 대기는 지구 기온을 상승시킨다.'

그로부터 불과 3년 후, 영국왕립연구소의 자연철학 교수 존 틴들이 다른 기체들의 온실효과를 증명하고 측정했다. 그는 열전퇴(熱電堆) 기술 장치를 통해 질소, 산소, 수증기, 이산화탄소, 메탄, 오존 같은 기체들의 상대적인 적외선(열) 흡수를 정확하게 측정한 최초의 인물이다. 그는 대기 중 복사열을 가장 강하게 흡수하는 것은 수증기이며, 이것이 지구의 대기 온도를 결정짓는 주요 기체라고 결론지었다.

1896년 스웨덴의 물리화학자 스반테 아레니우스는 존 틴들, 조제프 푸리에, 클로드 푸이예 같은 과학자들의 이전 연구를 바탕으로, 온실가스 비율 변화에 따른 지구의 기온 변화를 계산했다. 그는 대기 중 이산화탄소가 절반으로 줄어들면 지구 온도가 4도 떨어질 것이며, 어쩌면 이것이 빙하기의 주요 원인이었을지도 모른다고 추정했다. 반대로 이산화탄소가 두 배로 늘어나면 지구 온도가 4도 상승할 것으로 예상했다. 그는 인간이 화석연료 연소를 통해 배출하는 이산화탄소가 지구온난화를 일으키기에 충분하리란 결론을 내렸다.

1938년 엔지니어이자 발명가인 가이 스튜어트 캘런더는 50년간에 걸친 전 세계의 기온 기록 147개를 수집해 지구온난화가 실제로 진행중이라는 것을 밝혀냈다〔도판7〕. 그는 몇 가지 대기 중 이산화탄소 측정값을 통해 대기 중 이산화탄소가 두 배 증가하면 기온이 2도 상승할 것으로 예상했는데, 이것은 앞서 아레니우스가 예상한 수치의 절반 수준이었다. 캘런더의 연구 결과는 초반에 회의론에 부딪혔지만, 그가 발표한 1940~1950년대 논문들은 다른 과학자들이 대기 중 이산화탄소의 변화와 그 원인에 대해 연구하도록 자극했다.

제2차세계대전은 적외선분광법 개발을 비롯해 대단한 기술 발전을 낳았고, 전쟁 직후 과학자들은 기압이 낮은 대기 상층부의 이산화탄소가 실제로 열을 흡수한다는 것을 보여줌으로써 온실효과를 입증했다. 지구온난화에 대한 우려는 처음에는 무시되었는데, 인간이 배출하는 추가적인 이산화탄소가 바다에 흡수될 것이라는 과학자의 주장 때문이었다. 캘리포니아 소재 스크립스 해양연구소(Scripps Institute of

Oceanography)의 연구자 로저 레벨(Roger Revelle)은 이와 같은 주장에 우려를 표했다. 그는 표면 해양화학 연구를 통해 바다에 흡수된 이산화탄소의 상당 부분이 다시 대기 중으로 배출된다는 것을 발견했다. 이는 해양화학의 특이한 성질 탓에 바다는 인위적인 이산화탄소의 완전한 흡수원이 될 수 없음을 증명한 대단한 발견이었다. 이제 우리는 매년 인간이 배출하는 이산화탄소의 약 4분의 1만이 바다에 흡수된다는 사실을 알고 있다〔도판6〕.

레벨이 고용한 찰스 킬링(Charles Keeling)은 뒤이어 기후변화 연구의 중대한 진전을 이루었다. 1950년대 말과 1960년대 초에 킬링은 당시 최신 기술을 이용해 남극과 마우나로아의 대기 중 이산화탄소 농도를 측정했다. 이를 통해 완성된 킬링 이산화탄소 곡선(Keeling Curve)은 최초 측정 시기인 1958년부터 불길하게도 매년 꾸준히 상승 곡선을 그렸고, 이는 지구 온난화를 상징하는 중요한 이미지로 각인되었다〔도판4〕.

기후변화 인지가 늦어진 이유는?

1959년 물리학자 길버트 플래스(Gilbert Plass)는 〈사이언티픽 아메리칸Scientific American〉에 이번 세기 말이면 전 세계 기온이 3도 상승할 것이라는 기사를 발표했다. 잡지 편집자들은

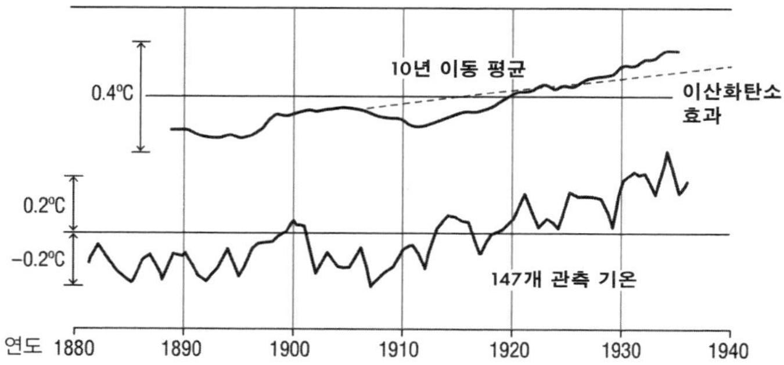

7. 가이 캘런더의 1938년 세계 기온 수집 자료.

공장에서 석탄 연기가 뿜어져 나오는 사진과 함께 이런 설명을 덧붙였다. "인간은 매년 수십억 톤의 이산화탄소를 배출해 자연 작용의 균형을 깨뜨린다." 이것은 1980년대 후반부터 우리가 봐왔던 수많은 잡지 기사, 텔레비전 뉴스, 다큐멘터리와 유사하다. 그렇다면 지구온난화 연구가 1950년대 말에 이미 사실로 인정받았음에도 불구하고 21세기 초에 들어서야 과학계 외부의 사람들이 지구온난화를 진정한 위협으로 인식하게 된 이유는 무엇일까?

기후변화에 대한 인지가 늦어진 주요 원인은 지구 기온 상승과 환경에 대한 인식 부족이었다. 지구평균온도(global mean temperature, GMT) 데이터는 이용 가능한 모든 육지 및 해양 온도를 취합해서 완성된다. 1940년부터 1970년대 중반에 이르기까지 지구 온도 곡선은 약간 하향세를 그린 것으로 보인다〔도판8〕. 이로 인해 많은 과학자들은 지구가 다음 빙하기로 접어들고 있는 것은 아닌지 논의하게 되었다. 하지만 1970~1980년대에 접어들어 과거의 기후에 관한 지식이 축적되면서 그럴 가능성은 매우 낮다는 사실이 밝혀졌다. 빙하기가 시작되려면 수천 년이 걸리기 때문이다.

그럼에도 불구하고, 세계 연평균 기온 곡선이 상승 추세를 그리기 시작한 1980년대 후반이 되어서야 지구 냉각 시나리오는 마침내 폐기되었다. 1980년대 말에 세계 연평균 기온 곡선이 너무 가파르게 상승하는 바람에, 1950년대 후반과 1960년대의 증거들이 다시 한번 세상 밖으로 나왔고 지구온난화 이론이 주목을 받게 되었다. 1988년 나사 고더드 우주연구소(NASA Goddard Institute for Space Studies)의 짐 핸슨 교수는 미국 상원의 에너지 및 천연자원 위원회에서 이 문제에 대해 증언해달라는 요청을 받았다. 그는 "지구온난화는 온실효과와 실제로 관찰된 온난화 사이의 인과관계를 우리가 자신 있게 인정할 수 있는 수준에 도달했으며 (…) 지금 이미 벌어지고 있다"라고 증언했다. 이 증언은 언론에 의해 대대적으로 보도되었고 지구온난화는 주요 쟁점으로 떠오르게 되었다.

그렇다면 기후변화에 대한 궁극적인 인식은 세계 연평균 기온의 상승에 의해 촉발된 것으로 보인다. 가장 최근에 나온 2021년 IPCC 평가보고서는 광범위한 데이터를 검토하고 통합했다. 이에 따르면 1980년대 후반에 처음으로 파악된 세계 기온의 추세가 옳았으며, 이러한 온난화 추세는 오늘날까지 멈추지 않고 지속되어왔다는 것을 알 수 있다〔도판8〕.

지구온난화 문제가 새롭게 부상한 이유는 세계 연평균 기온의 측정값이 상승했기 때문만은 아니다. 1970년대 말부터 1980년대에 지구 기후모델링에도 상당한 발전이 있었다. 새로운 대기-해양 대순환모델(AOGCM)은 대기 중 이산화탄소가 두 배 증가할 경우 상당한 온난화가 예상된다는 결과를

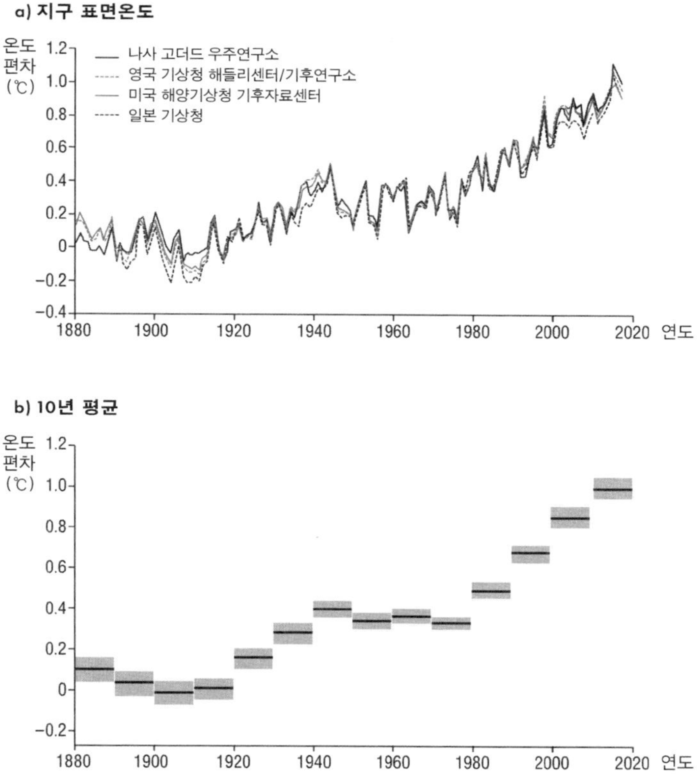

8. 지난 150년간 지구 표면온도 변화.

내놓았다. 그 값은 아레니우스의 최초 추정치와 더 가깝다. 1980년대에는 메탄을 비롯한 비(非)이산화탄소 온실가스와 열의 운반체로서 해양의 역할을 우려하는 연구들이 나왔다. 대순환모델은 지속적으로 개선되었고, 1980년대와 1990년대에 걸쳐 이러한 모델들을 다루는 과학 연구팀의 수는 늘어났다. 1992년에는 14개의 대순환모델 결과를 비교하는 작업이 처음으로 진행되었다. 그 결과들은 온실가스 증가가 상당한 지구온난화를 유발할 것이라는 점에서 전반적인 내용이 일치했다.

환경운동의 세계적 부상

1980년대에는 대규모 풀뿌리 환경운동이 미국, 캐나다, 영국에서 확산되었다. 이것은 1980년대의 우익 정부와 소비자 경제의 확산에 대한 반발이기도 했고, 환경 관련 보도가 증가한 탓이기도 했다. 이는 전 세계가 환경문제를 인식하고 초국가적 비정부기구가 출현하는 새로운 시대를 예고했다. 이처럼 환경에 대한 인식이 개선된 근본 원인은 다음과 같은 주요 사건에 있다. 1962년 레이첼 카슨의 『침묵의 봄*Silent Spring*』 출간, 1969년 달에서의 지구 사진 촬영, 1972년 로마클럽(Club of Rome)의 보고서 『성장의 한계*Limits to Growth*』 발간, 1979년

스리마일섬 원전 사고, 1986년 체르노빌 원전 사고, 1989년 엑손발데즈호의 원유 유출 사고. (물론 마지막 세 사건은 사고가 발생한 특정 지역에만 실질적인 환경문제를 일으켰다.)

1985년 영국남극조사단(British Antarctic Survey)은 남극 상공의 오존층 파괴를 발견했고, 이를 통해 환경은 전 세계가 연관되어 있음을 보여주었다. 오존층의 '구멍'에는 염화플루오린화탄소(CFCs)의 사용이라는 국제적이고 실질적인 원인이 있었고 이것은 완전히 새로운 정치 영역, 즉 환경의 국제적 관리로 이어졌다. 여기에 1985년 오존층 보호를 위한 비엔나협약, 1987년 오존층 파괴물질에 관한 몬트리올의정서, 1990년 런던과 1992년 코펜하겐에서의 의정서 조정 및 개정 등 몇 가지 중요한 합의가 뒤따랐다. 이러한 합의는 환경외교의 성공 사례로 여겨진다.

전 세계 환경문제에 대한 새로운 우려와 국제적인 대처 능력은 당대의 주요 정치인들에 의해 구체화되었다. 1989년 당시 영국 총리였던 마거릿 대처는 유엔 회담에서 기후변화에 관한 과학 연구, 기후변화가 모든 국가에 가하는 위협, 그러한 위기를 막기 위한 조치 등에 관한 연설을 했다. 그녀는 "우리는 이 위대한 기구와 부속기관들을 통해 전 세계적인 합의를 도출하고 기후변화가 끼치는 영향, 오존층의 감소, 생물 멸종에 대응해야 한다"라고 말했다. 미국 대통령이었던 조지 부시

1세도 여러 차례 비슷한 연설을 했다. 그는 1992년 미국 해양기상청에서 깨끗한 하늘 및 세계 기후변화 주도에 관한 연설을 했다.

IPCC는 1988년 설립되었고 1990년 최초의 평가보고서를 발행했다. 2년 뒤, 유엔은 전 세계 지도자들의 지원에 힘입어 리우 지구정상회의를 개최했다. 이 회담의 공식 명칭은 유엔환경개발회의(UNCED)로, 그 목적은 회원국들의 지속가능한 협력과 지구 환경보호였다. 정상회담은 큰 성공을 거두어 환경과 개발에 관한 리우 선언(Rio Declaration on Environment and Development), 어젠다 21이라 불리는 지방단체 주도의 환경보전, 산림원칙(Forest Principles) 등으로 이어졌다. 또한 유엔사막화방지협약, 생물다양성협약, 세계 온실가스 배출 제한 협상의 기초가 되는 유엔기후변화협약이 체결되었다. 리우 지구정상회의는 새천년개발목표(Millennium Development Goals)와 그 이후의 지속가능발전목표(Sustainable Development Goals)의 토대를 마련했다.

경제학자들의 개입

경제학자들은 IPCC의 초창기부터 기후변화 연구에 참여했다. 경제학자들이 내놓은 두 권의 출판물은 특히나 기후변화 논쟁에 각기 다른 영향을 끼쳤다. 첫번째는 2001년 영문판으로 출간된 비외른 롬보르(Bjørn Lomborg)의 논란 많은 저서, 『회의적 환경주의자*The Skeptical Environmentalist*』다. 롬보르는 이 책과 후속작들을 통해, 지구 온실가스 감축의 비용이 막대하고 가장 고통받는 것은 가난한 사람들이므로 신속히 빈곤국을 개발해 빈곤을 완화해야 한다고 주장한다.

이러한 접근법에는 두 가지 중요한 문제가 있다. 첫째, 저탄소 경제로의 전환이 상대적인 비용 부담이 더 낮으며 이것은 경제성장으로 연결될 수도 있다. 둘째, 부국들이 단순히 온실가스 배출 저감 의무를 피하기 위해 빈곤 완화가 가능한 수준으로 가난한 국가에 자금을 전달하리라고 기대하는 것은 매우 비현실적이다.

두번째로 반향을 일으킨 기념비적 출판물은 영국 정부 위탁으로 작성된 『기후변화의 경제학*The Economics of Climate Change*』(2007년 출간)에 실린 '2006년 스턴보고서'다. 이 보고서의 주요 저자인 니컬러스 스턴 경(Sir Nicholas Stern)은 당시 영국 정부의 기후변화 및 개발 관련 고문이었고 보고서의 내용은 토니 블레어 총리에게 전달되었다. 이 보고서는 우리가 별다른 조치를 취하지 않을 경우 기후변화의 영향 탓에 매년 세계 GDP의 5~20퍼센트를 사용하게 될 것이라고 한다. 다시 말해 전 세계는 기후변화의 여파를 해결하기 위해, 버는 돈의 5분의 1을 잃게 된다는 의미다(5장에서 자세히 논의하기로 한다).

물론 이것은 롬보르가 예견한 기후변화의 여파와는 그 경제적 규모가 완전히 다르다. 하지만 스턴보고서에는 일부 좋은 소식도 있다. 우리가 지구 온실가스 배출을 줄이고 기후변화의 여파에 적응하기 위해 할 수 있는 모든 일을 한다면, 연간 세계 GDP의 1퍼센트만으로 문제를 해결할 수 있다는 것이다.

스턴보고서는 다른 경제학자들로부터 비판을 받았다. 일례로, 이 보고서가 적절한 내재적 할인율을 적용하는지에 대한 비판이 있었다. 내재적 할인율이란, 미래의 소비가 현재의 소비보다 내재적으로 더 낮은 가치를 지닌다는 점을 감안해 경제학자들이 적용하는 할인율이다. 다시 말해, 미래 소비는 미래에 행해지고 사람들은 일반적으로 미래보다 현재를 선호하기 때문에 할인율이 적용돼야 한다는 뜻이다. 노벨상 수상자인 윌리엄 노드하우스(William Nordhaus)는 최대 3퍼센트의 내재적 할인율을 적용해, 오늘날 사람들이 25년 뒤에 얻게 될 환경적 혜택의 가치는 지금 당장 누리는 동일한 혜택과 비교해 절반 수준에 불과하다고 주장했다.

하지만 노드하우스는 최근 거센 비난을 받고 있는데, 산업화 이전 대비 지구 온도가 4도 상승할 경우 1인당 GDP는 2~4퍼센트 감소할 뿐이라는 그의 주장 때문이다. 노드하우스

모델의 근본적인 결함은 그가 피해 규모와 관련해 이차함수가 아니라 일차함수를 사용한다는 것이다. 따라서 이 경제 모델에서는 재앙 수준의 기후변화도 대규모 경제적 피해를 유발하지 않는다. 또한 스턴보고서는 저탄소 세계에 적응하는 비용을 지나치게 낙관한다는 비난도 받고 있다. 2008년 6월, 스턴은 기존의 예상 비용을 전 세계 GDP의 2퍼센트로 상향 조정했다. 그럼에도 불구하고, 스턴보고서는 전 세계인들에게 충격을 안겼다. '경제학자들이 기후변화의 비용에 대해 걱정한다면 그건 틀림없이 진짜일 것'이라고 사람들이 믿기 시작한 것이다.

기후변화에 경제학자들이 관여한 사례는 이것으로 끝이 아니다. 수많은 유명 저서와 보고서가 경제학은 물론, 환경과 경제학의 관계에 관한 우리의 인식에 의문을 제기했다. 2009년 초판이 발행된 팀 잭슨(Tim Jackson)의 『성장 없는 번영*Prosperity without Growth*』은 경제적 성장이 꼭 필요하다거나 바람직하다는 전통적 견해에 정면으로 맞선다. 경제학자 케이트 레이워스(Kate Raworth)가 2017년 출간한 『도넛 경제학*Doughnut Economics*』은 고전파경제학이 틀린 이유 일곱 가지를 설명하며 경제학의 중심은 환경의 한계와 기본 인권이어야 한다고 주장했다. 고전파경제학이 역동적이고 혁신적인 21세기 경제학자들에 의해 두 세대에 걸쳐 맹공격을 받은 건 이번이 처음이다. 이 경제학자들은 환경과 인간의 웰빙을 세계경제의 필수 요소로 인식한다. 여기에서 핵심은 우리가 어떻게 사람들의 삶을 개선하면서 기후변화에 대처할 수 있느냐다.

기후변화와 미디어

기후변화가 중요한 세계적 이슈로 떠오르게 된 또다른 원인은 미디어의 집중적인 관심이다. 기후변화는 언론의 완벽한 먹잇감이기 때문이다. 우리가 아는 세계 종말에 관한 극적인 이야기, 그것도 주요 등장인물들은 진짜가 아니라고 주장하는 이야기 말이다. 1990년대 영국, 미국, 호주의 신문 기사 대다수는 기후변화의 주장에 의문을 제기했다. 과학에 대한 불신을 조장하려는 시도는 계속되었는데 일반화 및 과학계의 의견 불일치에 대한 확대 해석, 그리고 무엇보다 과학자들과 과학기관을 폄하하는 전략을 통해서였다.

이처럼 이례적으로 미디어가 촉발한 과학에 대한 대중적 논의는 두 가지 측면에서 설명될 수 있다. 첫째, 기후변화를 부정하는 사람들과 산업 로비단체들은 기후변화에 대한 정치적 조치가 취해지는 것을 원하지 않고, 따라서 대책 도입을 지연시킬 편리한 방편으로 방법론과 과학적 불확실성 논쟁을 이용하는 것이다. 실제로 밝혀진 바에 따르면, 상장된 대형 원유 회사 중 다섯 곳이 구속력 있는 기후 정책을 통제, 지연, 또는 차단하기 위한 로비자금으로 2019년 2억 달러 이상을 사용했다.

둘째, 균형 잡힌 보도를 하려는 언론의 윤리적 자세가 부적절하게 적용되어 기후변화를 부정하는 시각이 지나치게 조명받게 된 것이다. 이것은 주변적인 시각에 불과하고, 일반적으로 알려진 '선한' 과학의 영역 바깥에 존재하는데도 말이다. 영국 BBC는 기후과학자가 노련한 정치인 혹은 돈을 받은 로비스트와 함께 토론하게 하는 등, 지속적으로 균형에 어긋난 보도를 하여 점점 더 큰 비난을 받았다.

이른바 기후변화 논쟁은 기존 언론을 넘어 소셜미디어로 번졌고, 기후변화 부정론자들은 틈만 나면 과학자들의 증거와 견해를 공격했다. 가짜 뉴스의 확대는 기후변화는 물론, 백신과 코로나19 확산 방지 노력에도 악영향을 끼쳤다. 이러한 미디어 토론의 불균형, 가짜 뉴스, 소셜미디어 캠페인은 기후변화 연구에 '논란의 여지가 있다'는 인상을 대중에게 심어주었다. 기후변화는 이미 벌어지고 있고 인간의 활동이 주원인이라는 압도적인 과학적 증거를 이미 많은 사람이 인정하고 있는데도 말이다.

하지만 상황은 변하고 있다. 지난 몇 년간 많은 나라의 여론조사에 따르면 대다수의 대중은 기후변화가 실제로 벌어지고 있으며 커다란 위협임을 인지하고 있다. 이는 대체로 전 세계적으로 발생하는 극단적인 날씨를 실제로 경험하거나 눈으로 직접 확인한 덕분이다. 기후변화에 관한 뉴스는 꾸준히 쏟아지고 있으며 코로나19 팬데믹 기간이라고 예외는 아니다. 앨 고어의 〈불편한 진실An Inconvenient Truth〉, 데이비드 애튼버러의 〈우리의 지구를 위하여A Life on Our Planet〉, BBC1의 〈기후변화에 관한 사실들Climate Change: The Facts〉 같은 주요 다큐멘터리도 대중이 이 문제에 관심을 갖게 하는 데 한몫했다.

새로운 세계 환경운동

2008년과 2009년에는 기후변화에 대한 사회적 인식이 세계적으로 확대되는 두번째 상승기를 맞았다. 이번에는 코펜하겐 기후회의에서 주요 기후협정이 맺어질 것이라는 희망에 초점이 맞춰졌다. 하지만 코펜하겐 기후회의는 국제적인 리더십의 부재와 미국의 방해, 2008년 세계 금융위기에 대한 전세계적인 우려 탓에 처참한 실패로 끝났다. 2015년 파리기후변화회의 때가 되어서야 이러한 협상을 제자리로 돌려놓을 수 있었다. 거의 10년 가까이 세계경제에 집중하느라 환경운동은 뒷전으로 밀려났다. 이 모든 것이 변한 것은 세번째 세계적 환경운동의 물결이 시작된 2018년이다.

시위단체인 '멸종반란(Extinction Rebellion)'이 2018년 5월 영국에서 결성되었고, 2019년 10월 100명 이상의 학자들과 함께 기후변화에 대한 행동을 촉구하고 나섰다. 멸종반란의 목표는 비폭력 시민불복종을 통해 전 세계 정부들이 기후시스템의 티핑포인트에 도달하는 것과 생물다양성이 훼손되는 것을 저지하도록 압박함으로써 사회 및 생태의 붕괴를 막는 것이다. 2018년 11월과 2019년 4월, 시민들은 런던 중심부를 마비시켰으며 멸종반란의 회원들은 현재 전 세계 최소 60개 도시에서 활동중이다.

2018년 8월, 열다섯 살 소녀 그레타 툰베리는 '기후를 위한 학교 파업(Skolstrejk för klimatet)'이라고 적힌 팻말을 내걸고 학교가 아닌 스웨덴 의회 앞에서 기후변화에 대한 더욱 강력한 조치를 요구했다. 이 메시지는 일파만파 퍼져나갔다. 곧 전 세계 학생들이 한 달에 한 번씩 금요일에 이와 비슷한 파업 시위를 시작했고 그들은 이 운동을 '미래를 위한 금요일'이라고 명명했다. 2019년 말까지 150개국에서 4500회 이상의 시위가 있었고 참여 학생은 400만 명에 달하는 것으로 추정된다.

2018년과 2019년, 매우 영향력 있는 세 편의 IPCC 보고서가 발표되었다. 2018년 발행된 첫번째 보고서는 『지구온난화 1.5도 특별보고서*Special Report on Global Warming of 1.5°C*』로,

지구 기온 상승을 1.5도 이내로 유지하기 위해 전 세계가 무엇을 해야 하는지에 관한 내용을 다루고 있다. 여기에는 기후변화 완화와 지속가능발전목표의 긍정적이거나 부정적인 상호 관계도 담겨 있다. 두번째 보고서 『토지에 관한 특별보고서*Special Report on the Land*』는 기후변화가 사막화, 토지 관리, 식량안보, 육지생태계에 미치는 영향을 담고 있다. 세번째 보고서 『해양과 빙하권에 관한 특별보고서*Special Report on the Ocean and Cryosphere*』는 빙상, 산악빙하, 해빙이 녹는 속도와 관련된 기후변화의 영향과 그것이 해수면상승 및 해양생태계에 미치는 여파를 보여준다.

이처럼 새로운 사회운동과 최신 과학은 많은 기업들이 솔선수범하도록 자극했다. 마이크로소프트는 2030년까지 기술 분야에서 탄소 네거티브를 달성하겠다는 야심 찬 목표를 발표했다. 또한 2050년까지 마이크로소프트와 그 공급망이 1975년 창립 이후 배출한 모든 대기 중 탄소 오염원을 제거하고자 한다. 스카이(영국의 방송언론사)는 2030년까지 미디어 분야에서 회사와 회사 공급망의 탄소 네거티브 달성을 공약했다. BP(영국의 석유 회사)는 4억 1500만 톤의 탄소 배출을 저감하거나 상쇄하여 2050년까지 탄소중립을 이루겠다고 선언했다. 이들은 과학에 기반한 목표치 달성을 약속한 천 개 이상의 글로벌 기업 중 일부다. 여기서 과학에 기반한 목표란,

2050년까지 탄소 순배출을 제로로 만들겠다는 의미이다.

전 세계 정부들은 이 모든 압박을 감안하여 2019년 우리가 사실상 기후 비상사태에 처해 있으며 이제 조치를 취해야 한다고 선언하기 시작했다. 이 책의 출간 시점에 1400개 이상의 지방정부와 35개 이상의 국가는 기후 비상사태를 선포했다. 2020년, 전 세계가 코로나19 팬데믹과의 싸움에 전력을 기울이고 있음에도 불구하고 기후변화는 여전히 중요한 이슈로 남아 있다. 언론과 소셜미디어에서는 코로나19 이후 지속 가능한 저탄소 경제를 만들 수 있을지에 대한 논의가 한창이다. 이런 논의에서 제안된 의견은 9장에서 소개하려 한다. 그 중 상당수는 이미 실행에 옮겨지고 있다.

제 3 장

기후변화의 증거

과학은 신념체계가 아니다. 그것은 구체적인 관찰과 실험을 통해 생각과 이론을 끊임없이 시험하고 앞으로 나아가는 합리적이고 논리적인 방법론이다. 또한 그것은 세계사회의 근간이기도 하다. 따라서 당신은 어떤 과학적 증거를 믿고 어떤 과학적 증거를 거부할지 부분적으로 선택할 수 없다. 예컨대, 당신은 항생제의 효능(당신의 목숨을 구해줄 수도 있으므로)이나 날개가 달린 무거운 튜브형 금속체가 하늘을 날 수 있다는 것(휴가를 떠나고 싶으므로)을 믿는 동시에 흡연이 암을 유발하고 HIV가 에이즈를 일으키고 온실가스가 기후변화를 야기한다는 것을 부정할 수는 없다. 이번 장에서는 인위적인 기후변화가 이미 일어나고 있다는 과학적 증거를 제시한다.

증거의 무게

기후변화를 이해하려면 과학이 작동하는 방식을 알아야 한다. '증거의 무게(weight of evidence)' 원칙은 기후에 관한 사고와 이론을 끊임없이 시험하기 위해 지속적으로 새로운 데이터를 수집하고 새로운 실험을 진행할 것을 요구한다. 지난 40년 동안 기후변화 이론은 과학계에서 가장 포괄적인 실험 주제였음에 틀림없다. 우리가 고려해야 할 증거는 크게 여섯 가지로 나뉜다.

1. 우리는 대기 중 온실가스 증가를 추적해왔고 과거의 기후변화에서 온실가스의 역할을 이해한다.
2. 우리는 실험실과 대기 측정을 통해 대기 중에 존재하는 온실가스가 실제로 열을 흡수한다는 것을 알고 있다. 〈표1〉은 주요 온실가스에 관한 최신 정보를 요약한 것이다.
3. 우리는 지난 한 세기 동안 지구 기온 및 해수면상승과 관련된 중대한 변화를 추적해왔다.
4. 우리는 태양 흑점과 화산 폭발을 비롯해 자연적인 변화가 대기에 끼치는 영향을 분석해왔고, 이는 지난 150년간의 기온 변화 패턴을 이해하는 데 필수이긴 하지만 오늘날의 온난화 추세〔도판6〕를 설명하지는 못한다.
5. 우리는 그린란드와 서남극 빙상의 해빙(解氷), 북극해 얼

온실가스	화학식	수명 (년)	산업화 이전	2018년	인간의 영향	지구온난화 잠재력 (이산화탄소 대비)	
						20년	100년
이산화탄소	CO_2		278ppmv	407ppm (>45% 증가)	화석연료 연소 토지 용도 변경 시멘트 생산	1	1
메탄	CH_4	12.4	700ppbv	1,859ppb (250% 증가)	화석연료 연소 논농사 폐기물 가축	96	32
아산화질소	N_2O	121	275ppbv	331ppb (>20% 증가)	비료 산업공정 화석연료 연소	264	265
CFC-12	CCl_2F_2	100	자연적으로 발생하지 않음	508ppt	액체 냉각제/ 발포제	10,800	10,200
HCFC-22	$CHClF_2$	11.9	자연적으로 발생하지 않음	224ppt	액체 냉각제	5,280	1,760
플루오린화 메탄 PCF-14	CF_4	50,000	0*	79ppt	알루미늄 생산	4,880	6,630
육플루오린화 황	SF6	3,200	0*	9.59ppt	유전체 유체	17,500	23,500

표1. 주요 온실가스의 상대적 대기 온난화 능력.

음의 후퇴, 모든 대륙의 산악빙하 감소, 영구동토층(永久凍土層)의 감소, 활동층(영구동토층에서 겨울에 얼고 여름에 녹는 것을 반복하는 표층 부분)의 두께 확대 등 지구 기후시스템의 중대한 변화를 관찰해왔다.

6. 우리는 전 세계 날씨를 추적하면서 기상이변의 빈도 및 강도의 급격한 변화를 목격해왔다. 기후변화는 여러 기상이변의 중대한 요인으로 입증되었다.

이번 장에서 우리는 전 세계의 기온, 강수량, 해수면 높이 및 기상이변의 증거들을 살펴볼 것이다.

온도

온도는 직접 온도계를 사용하는 것부터 대리지표를 이용하는 등 다양한 방법을 통해 측정할 수 있다. 대리지표는 직접 측정이 여의치 않거나 불가능할 때 측정되는 변수들을 말한다. 예컨대 적외선(열) 위성 측정값은 표면온도를 추정할 때 사용하는 대리지표다.

온도계를 이용한 기온의 직접 측정은 1760년부터 북미와 유럽의 여러 지역에서 시작되었다. 이러한 관측소들이 지구의 육지 평균기온을 산출할 수 있을 만큼 전 세계 지리 범위로 확대된 것은 19세기 중반에 들어서다. 해수면 온도(sea-surface temperature, SST)와 해양 대기 온도(marine air temperature, MAT)는 19세기 중반부터 선박을 통해 체계적으로 기록되었다. 하지만 오늘날까지도 남반구의 관측 현황은 매우 열악한 편이다. 이 모든 데이터들은 조건과 측정 기술의 변화를 고려해 다양한 보정을 필요로 한다. 예를 들자면, 각 관측소의 육지 데이터가 측정 위치, 장비, 장비 보호소, 혹은 월평균 온도 계산 방식의 변화로 인해 오랜 세월에 걸쳐 달라지지 않았는지 조사한다. 또한 일부 관측소 주변에 위치한 도시들의 성장도 감안해야 하는데, 도시열섬현상으로 인해 관측된 기온이 높아질 수 있기 때문이다. IPCC 보고서는 도시열섬현상의 영향이 실제로 존재한다고 인정했고, 이를 보정하지 않는다 하더라도 세계 기온 통계에 미치는 영향은 아직 무시할 만한 수준(0.006도 미만)이라고 밝혔다.

해수면 온도와 해양 대기 온도의 경우 여러 가지 보정이 필요하다. 첫째, 해수면 온도는 1941년 이전까지 대부분 갑판에서 양동이로 떠올린 바닷물로 측정되었다. 1941년 이후로는 대체로 선박 엔진으로 들어오는 바닷물을 통해 측정되었다. 둘째, 1856년부터 1910년 사이에 목재 양동이가 캔버스 양동이로 교체되었으며 이는 바닷물을 갑판으로 떠올리는 과정에서 수분 증발로 인한 냉각 정도에 변화를 야기했다. 게다가 이 시기에 범선이 증기선으로 바뀌면서 갑판 높이와 선박 이동 속도가 달라졌는데, 이 두 가지는 모두 양동이의 증발냉각에 영향을 미친다. 또 하나 놓쳐서는 안 될 중요한 보정 요소는 1870년대 이후 큰 변화를 겪은 전 세계 기상관측소의 분포이다.

세계 기온 기록의 취합은 영국 기상청, 미국 항공우주국(NASA), 미국 해양기상청, 일본 기상청 등 여러 기관을 통해 이루어진다〔도판8〕. 물리학자이자 한때 기후변화 회의론자였던 리처드 뮬러 교수와 그가 소속된 버클리대학 연구팀은 지난 250년간의 세계 기온 기록을 취합했다. 그러나 보정 사항을 모두 반영하지 않은 탓에 지구온난화 측정값은 다른 팀들보다 높게 나왔다. 이것은 추후에 수정되었고 뮬러는 자신의 생각이 바뀌었다며, 기후변화는 현재 진행중이며 그 명백한 원인은 인간의 활동이라고 공개적으로 선언했다.

필요한 보정을 모두 반영함으로써 1880년부터 2020년까지 지구 표면온도의 연속적인 기록을 완성할 수 있었다. 이 기간 동안 1.0~1.3도 사이의 온난화가 관측되며 가장 가능성이 높은 상승 온도는 1.1도다〔도판8〕. 이러한 관측은 60년간의 풍선 데이터 및 위성 데이터와 일치한다. 예컨대 800개 이상의 관측소에서는 하루에 두 번 레이윈존데(rawinsonde, 풍선 형태의 기상관측 장치)를 날려보내 풍선이 터지는 20킬로미터 정도의 높이까지의 기온, 상대습도, 기압을 측정한다. 이 기온 기록을 살펴봐도 육지가 바다보다 더 빠른 속도로 온난화되고 있다. 1850년 이래 육지 기온은 1.44도 상승했고 해양 기온은 0.89도 상승했다〔도판9〕.

도구나 온도계를 사용하지 않았던 시대의 세계 온도도 재구성되었다. 나이테의 두께, 빙하코어, 동굴 퇴적물의 동위원소 구성 같은 고기후(古氣候) 대리지표를 이용해 지역 온도를 추측한다. 도구를 이용한 지구평균온도 기록과 더 긴 기간을 아우르는 고기후 기록을 결합하면 시간축의 끝부분에서 급격한 기온 상승이 나타났다는 것을 알 수 있다. 이것을 지구온난화 '하키스틱'이라고 한다. 외슈거 기후변화연구소(스위스 베른대학교)의 라파엘 노이콤(Raphael Neukom)이 이끄는 팀은 2019년 700개 이상을 고기후 기록을 이용한 연구를 〈네이처〉에 발표했다. 이에 따르면 지난 2000년을 통틀어 전 세계 기온이 동시에 동일한 방향으로 움직인 것은 최근 150년뿐이며, 이 시기에 지구 표면의 98퍼센트 이상이 온난화를 겪었다〔도판10〕.

강수량

세계 강수량 데이터에는 두 종류가 있다. 흄(Hulme)과 국제

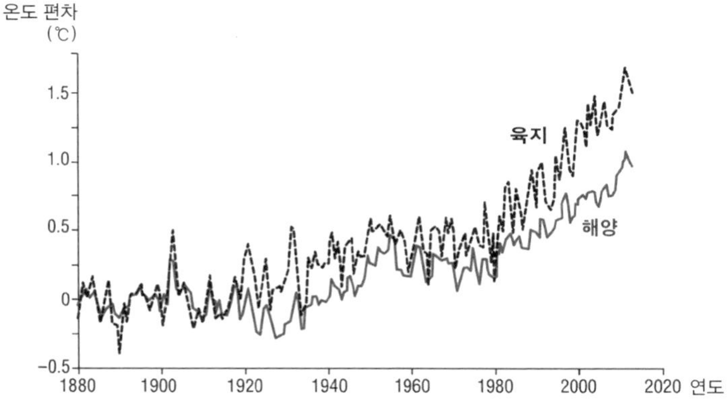

9. 1850년 이후 육지 및 해양 기온.

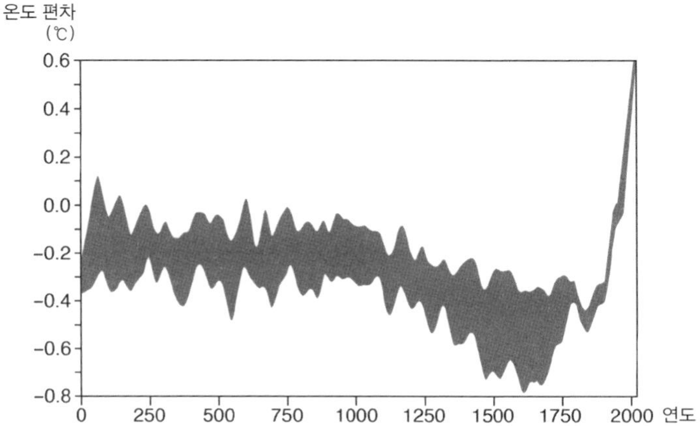

10. 지난 2000년간의 북반구 기온의 재구성.

역사기후네트워크(Global Historical Climate Network, GHCN)다. 안타깝게도 비와 눈은 기온만큼 데이터가 잘 기록되어 있지 않으며 그 역사도 길지 않다. 또한, 육지로 떨어지는 강수량은 빗물 접시 주변 기류의 영향으로 최대 10~15퍼센트 적게 기록되는 경향이 있다고 알려져 있다. 이러한 경향을 보정하지 않으면 부정확한 세계 강수량 증가 추세가 감지될 수 있다. 이런 문제에도 불구하고 지난 25년간 강수량은 크게 증가한 것으로 보이며, 특히 북반구 중위도 지역은 더욱 그러하다〔도판11〕. 이는 1980년 이후 육지와 바다는 물론, 대류권 상층에서도 대기수분 함량이 증가했다는 증거를 통해 뒷받침된다. 이것은 따뜻한 대기가 더 많은 수증기를 머금을 수 있다는 사실과도 일치한다.

강수량이 전 세계적으로 증가했다는 증거가 있지만, 개개의 지역을 들여다보면 이러한 변화의 증거는 더욱 강력하다. 최근 IPCC 보고서에 따르면 북미와 남미, 북유럽, 북아시아, 중앙아시아의 동쪽 지역에서 강수량이 급격히 증가했다. 강수의 계절성도 달라지는 듯하다. 북반구 고위도 지역에서는 겨울 강수량이 증가하고 여름 강수량이 감소했다. 사헬, 지중해, 아프리카 남부, 남아시아 일부 지역에서는 장기적인 가뭄이 관찰된다. 또한 '극단적인' 폭우 기간에 강우가 집중되는 것도 관찰된다.

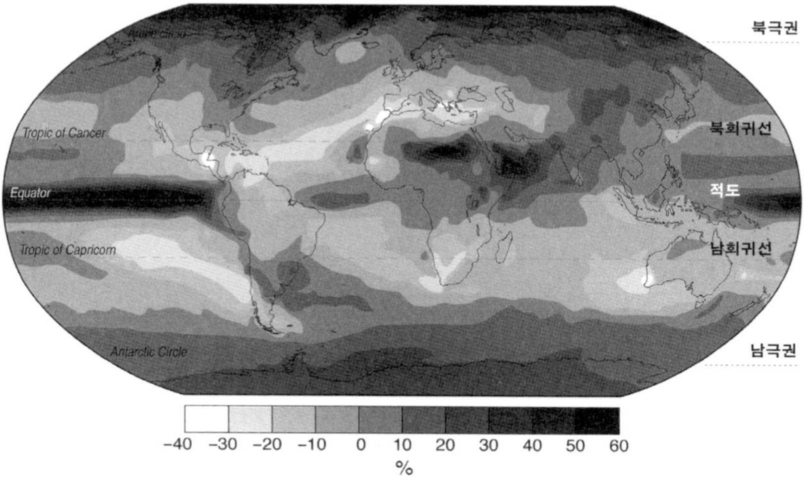

11. 세계 강수량 변화(1900~2018년).

상대적인 세계 해수면 높이

IPCC는 최근의 세계 해수면 데이터도 모두 수집했다. 이에 따르면 1901년과 2018년 사이에 전 세계 해수면이 24센티미터 이상 상승했다〔도판12〕. 상대적인 해수면 변화는 두 종류의 전혀 다른 데이터, 검조기(檢潮器)와 위성을 통해 도출되므로 측정이 쉽지 않다. 전통적 방식인 검조기 경우, 육지의 기준점에 대한 상대적인 높이로 해수면을 측정한다. 이때 중요한 문제는 지표면이 생각보다 훨씬 역동적이고 수직 이동이 많으며, 이런 변화가 해수면 높이 측정값에 모두 섞여버린다는 것이다.

수직 이동은 삼각주 퇴적물의 일반적인 압축, 해안 대수층(帶水層)에서의 지하수 배출, 지각판 충돌을 통한 융기(가장 극단적 사례는 히말라야 같은 산맥의 형성이다), 현재 진행중인 후빙기 융기 현상 및 그 여파와 관련이 있다. 후빙기 융기 현상은 마지막 빙하기의 종결과 관련이 있는데, 거대한 빙상이 녹으면서 갑작스럽게 그 무게가 사라지면 그때까지 눌려 있던 지표면이 서서히 원래 위치까지 올라오는 것을 말한다. 대표적인 사례로 스코틀랜드를 들 수 있다. 스코틀랜드의 지표면은 매년 3밀리미터씩 융기하고 있는 반면, 잉글랜드의 지표면은 매년 2밀리미터씩 가라앉고 있다. 스코틀랜드의 빙상이 녹은 것은 1만 년 전인데도 불구하고 말이다.

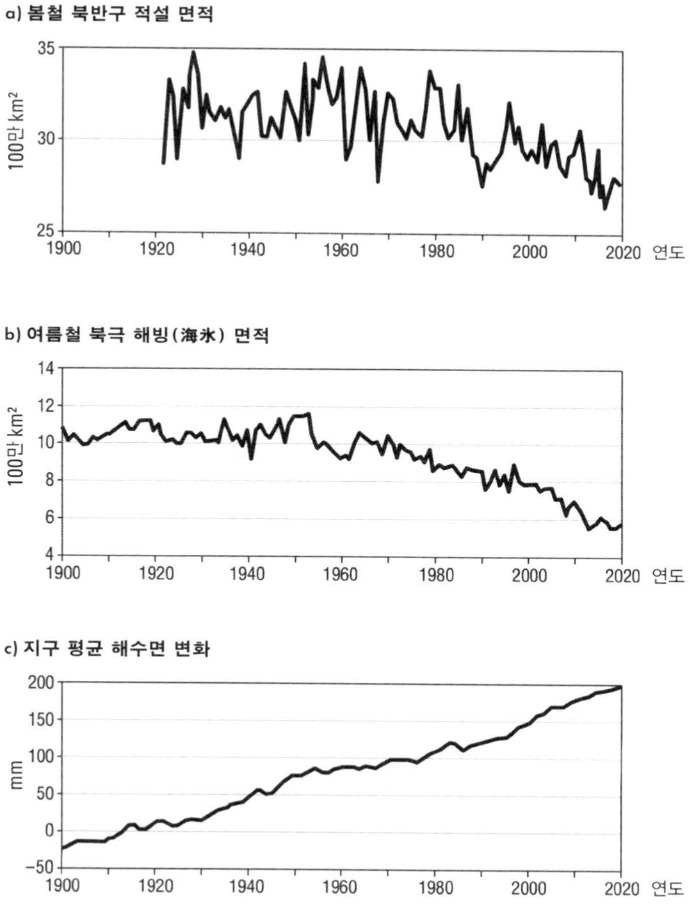
a) 봄철 북반구 적설 면적
100만 km²
35
30
25
1900
1920
1940
1960
1980
2000
2020
연도
b) 여름철 북극 해빙(海氷) 면적
100만 km²
14
12
10
8
6
4
1900
1920
1940
1960
1980
2000
2020
연도
c) 지구 평균 해수면 변화
mm
200
150
100
50
0
−50
1900
1920
1940
1960
1980
2000
2020
연도

12. 기후변화의 지표.

이에 반해 위성 데이터의 문제는 기록 기간이 너무 짧다는 것이다. 최상의 위성 데이터는 1993년 1월부터 수집되기 시작했으며 해수면이 10년마다 35밀리미터 이상 상승하는 추세를 보여준다. 장기적인 추세를 확인하려면 이 위성 데이터를 검조기 데이터와 결합해야 한다.

요약하자면 1901년과 2018년 사이에 지구 평균 해수면은 연간 약 2밀리미터 상승했고, 2008년과 2018년 사이에는 가장 빠르게 상승해 해마다 4.2밀리미터씩 높아졌다. 지난 30년간 각각의 요인이 해수면상승에 기여한 비율은 해양의 열팽창이 39퍼센트, 남극의 빙상이 9퍼센트, 그린란드의 빙상이 12퍼센트, 대륙빙하와 기타 만년설이 27퍼센트, 육지의 전반적인 물 저장량 감소가 13퍼센트를 차지한다〔도판13〕. 그린란드와 남극의 빙상은 최근 해수면상승에 영향을 미쳤고 여기에 가속도가 붙고 있다. 현재 그린란드에서는 매년 2300억 톤 이상의 얼음이 사라지고 있는 것으로 추정되며 이는 1990년대 초 이후 일곱 배나 늘어난 수치다. 한편 남극에서는 매년 약 1500억 톤의 얼음이 사라지고 있으며 이는 1990년대 초 이후 다섯 배 증가한 수치다. 이러한 얼음 손실은 서남극의 아문센 해역과 남극반도 북부에서 집중적으로 발생한다.

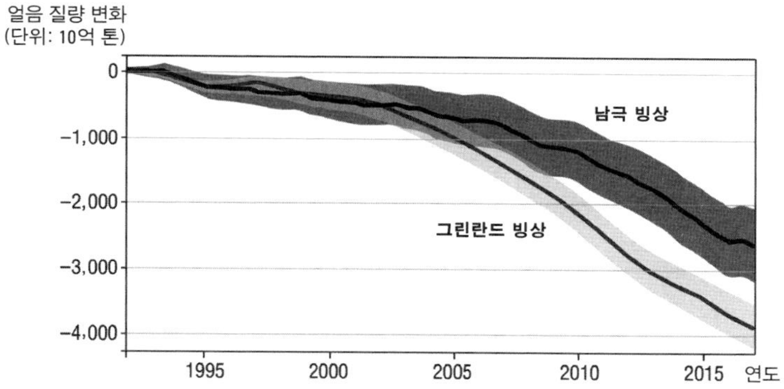

13. 남극과 그린란드 빙상의 해빙(解氷).

지구온난화의 또다른 증거

지구온난화의 또다른 증거는 고위도 지역과 기상이변 현상에서 찾아볼 수 있다. 연평균 북극 해빙(海氷) 면적은 1979년부터 2018년까지 10년마다 3.5~4.1퍼센트씩 감소해왔다. 이는 10년마다 45~51만 제곱킬로미터 면적의 얼음이 사라졌다는 뜻이다. 여름 해빙 최저치는 10년마다 12.8퍼센트 이상 감소했으며 이는 10년 만에 100만 제곱킬로미터 면적의 얼음이 사라졌다는 뜻이다. 반면 1979년과 2018년 사이에 연평균 남극 해빙 면적은 기록적인 최고치와 최저치를 오갔는데, 그 기간의 위성 관측사진을 분석해도 뚜렷한 방향성이 발견되지는 않는다.

영구동토대 관련 증거도 있다. 영구동토대는 너무 추워서 아주 깊은 곳까지 땅이 꽁꽁 어는 곳으로, 고위도 지역 및 해발고도가 높은 지역에 존재한다. 여름이면 영구동토대의 가장 윗부분 50센티미터 정도만 땅이 녹는데 이것을 '활동층'이라고 부른다. 지난 50년간 알래스카의 기온은 3도, 북유럽과 러시아 영구동토대의 기온이 2도 상승하고 활동층의 깊이가 깊어졌다는 증거가 있다. 계절에 따라 영구동토층으로 덮이는 최대 면적은 1900년 이후 북반구에서 7퍼센트 감소했고, 봄철에는 최대 15퍼센트까지 감소했다. 이처럼 점점 더 역동적으로 변해가는 빙하권은 인간, 건축물, 통신망에 가해지는 자연재해의 위험을 가중시킬 것이다. 우리는 예컨대 알래스카 송유관 파손을 비롯하여 건물·도로·수송관이 파괴되는 형태로 이러한 위험을 목격하고 있다. 게다가, 전부는 아니더라도 대부분의 대륙빙하가 후퇴중이라는 증거가 있다. 북반구는 특히 총 강설량 및 매년 얼음과 눈으로 덮이는 면적이 대폭 감소했다〔도판12〕. 1922년부터 2018년까지 얼음과 눈으로 덮인 면적은 10년마다 27만 제곱킬로미터씩 줄어들었다. 북극에서 적설 지속 시간은 10년마다 평균 3~5일씩 줄어들었으며, 유라시아 북극 지역(12.6일)과 북미 북극 지역(6.2일)은 감소폭이 더 크다.

또한 북반구에서 봄이 더 빨리 찾아온다는 증거가 있다. 1693년부터 수집한 핀란드 토르니오강의 결빙 기록을 살펴보면 얼어붙었던 강물이 봄이 되어 녹는 시기가 한 달가량 빨라졌다. 일본 교토에서는 100년 전과 비교해 벚꽃이 21일 더 빨리 개화한다. 프랑스 본에서는 포도 수확 시기가 100년 전보다 10일 빨라졌다. 영국에도 이른 봄을 나타내는 다양한 지표들이 발견되는데, 무엇보다 45년 전과 비교해 새들이 12일 이상 일찍 둥지를 튼다. 따뜻한 날씨에서 생존할 수 있는 벌과 흰개미 같은 곤충들은 점점 북쪽으로 이동중이고, 일부는 프랑스에서 해협을 건너 이미 영국에 도착했다. 한편 미국에서는 이른 봄에 활동을 시작하는 라일락과 허니서클 같은 식물

종들이 40년 전보다 3주 일찍 잎을 펼친다.

기상이변

최신 IPCC 보고서에 따르면 인위적인 기후변화로 인해 대부분의 대륙에서 극단적인 더위의 빈도와 강도가 증가하고 극단적인 추위의 빈도와 강도가 감소한 것이 사실상 확실하다. 폭염의 빈도와 강도는 유럽, 아시아, 아메리카, 오스트레일리아 대륙에서 증가했다. 지난 10년 동안 호주, 캐나다, 칠레, 중국, 인도, 일본, 중동, 파키스탄, 미국에서는 기록적인 폭염이 발생했다.

기후변화는 또한 폭우가 심화된 주요 원인이기도 하다. 이런 폭우는 주로 대륙 지역에서 관찰되고 종종 홍수로 이어진다. 브라질 영국, 캐나다, 칠레, 중국, 동아프리카, 유럽, 인도, 인도네시아, 일본, 한국, 중동, 나이지리아, 파키스탄, 남아공, 태국, 미국, 베트남에서는 지난 10년간 기록적인 홍수가 발생했다.

인간이 유발한 기후변화는 열대성 사이클론의 세계적인 분포와 강도를 바꾸는 데도 한몫했다. 미국 해양기상청 소속 제임스 P. 코신(James P. Kossin)의 2020년 연구에 따르면 지난 40년간 전 세계적으로 최상급 파괴력을 지닌 사이클론의 발생 빈도가 15퍼센트 증가했다. 북대서양에서 발생하는 주요 허리케인은 10년마다 49퍼센트, 남인도양에서 발생하는 주요 사이클론은 10년마다 18퍼센트 증가했다. 요약하자면 북대서양, 태평양, 남인도양에서 발생하는 열대성사이클론의 빈도가 늘었을 뿐 아니라 전년 대비 변동성도 커졌다. 2019년 인도양에서는 네 건의 초대형 사이클론이 형성되었고 이 중 인도양 남부에서 발생한 두 건은 전례 없는 규모였다. 기록의 신뢰성이 높아진 1967년 이래, 인도양 남부와 서부의 2018~2019년 사이클론 시즌은 사이클론의 활동이 가장 활발했으며 가장 큰 경제적 피해를 안겼다. 2020년, 북인도양에서 형성된 초대형 사이클론 엄펀(Amphan)이 벵골 서부에 상륙하면서 4000만 명 가까운 이재민이 발생하고 130억 달러 이상의 재산 피해가 발생했다.

과학자들이 기상이변의 상당수가 기후변화에 의해 악화된다고 확신하는 이유는 귀인(歸因) 과학(attribution science)이라는 새로운 분야 때문이다. 컴퓨터 처리능력과 날씨에 기여하는 요인의 모델링 방식이 발전하면서 과학자들은 특정 지역에서 인간으로 인한 온실가스의 영향이 있을 때와 없을 때의 날씨 시뮬레이션을 실험해볼 수 있게 되었다. 이를 통해 우리는 기후변화가 특정한 극단적 기상사건에 어느 정도 영향을 미치는지, 만약 어떤 영향을 미친다면 그 사건의 빈도나 강도 중 어느 쪽을 증가시키는지, 혹은 양쪽 모두를 증가시키는지 파악할 수 있다. 귀인 과학을 통해 2015~2020년에 발생한 113건 이상의 기상이변을 조사했더니 그중 70퍼센트는 기후변화로 인해 빈도 혹은 강도가 증가한 것으로 드러났다. 25퍼센트는 기후변화로 인해 발생 빈도가 감소했으며 4퍼센트는 기후변화로 인한 변화가 없었다.

기후변화 부정론자들의 주장

기후변화의 증거를 요약하는 가장 좋은 방법 중 하나는 기후변화를 부정하는 사람들이 오늘날의 최첨단 과학에 맞서서 하는 말을 검토해보는 것이다.

빙하코어 데이터를 보면 대기 중 이산화탄소는 지구 기온에 반응하므로, 대기 중 이산화탄소는 지구 기온 변화를 유발할 수 없다. 마지막 빙하기가 끝난 뒤 지구는 따뜻해졌다. 우리는 그린란드와 남극의 빙하코어를 통해 북반구와 남반구가 각각 다른 시기에 각각 다른 속도로 따뜻해졌다는 것을 안다. 게다가 수천 년에 걸친 기후 관련 사건들이 있다. 북미의 빙상이 녹아 거대한 얼음덩어리가 떨어져 나오면서 북대서양에 담수가 대거 유입되어 해양 순환을 변화시키고 북반구를 냉각시키기도

했다.

이러한 사건 중 하나인 하인리히 이벤트 1(Heinrich event 1)은 약 1만 5000년 전 발생했고, 또다른 사건인 영거 드라이아스(Younger Dryas)는 약 1만 2000년 전 발생했다. '양극성 기후 시소(bipolar climate seesaw)'라는 멋진 이름이 붙은 이 현상 탓에, 북반구가 차가워질 때 열은 바닷물을 통해 남쪽으로 이동하여 남반구의 온도를 올린다. 따라서 개별 빙하코어 온도와 재구성된 대기 중 이산화탄소 수치를 비교했을 때, 그 관계성이 역전되는 것처럼 보이는 순간이 발생한다. 하버드대학교의 제러미 샤쿤(Jeremy Shakun) 교수와 동료들은 지구 기온과 이산화탄소의 관계를 제대로 이해하기 위해 마지막 빙하기 이후의 모든 기온 기록을 통합한 자료를 만들었다(도판14). 이에 따르면 대기 중 이산화탄소 농도에 따라 지구 기온이 변화했으며 이것은 마지막 빙하기 이후 이산화탄소가 지구온난화에 기여해왔다는 우리의 믿음을 뒷받침하고 있다.

이산화탄소는 지구 대기의 작은 일부일 뿐이며 그것이 거대한 온실효과를 일으킬 수는 없다. 이것은 상식적인 주장을 펼치려는 전형적인 시도이지만 실은 완전히 잘못된 주장이다. 첫째, 과학자들은 반복적인 실험과 대기 측정을 통해 이산화탄소의 온실효과에 대해 수차례 증명해 보였다. 둘째, 극소량의 무언가가 거대한 효과를 낼 리 없다는 '상식'적인 주장에 반박하자면, 성인 체중의 약 0.0001퍼센트에 해당하는 0.1그램의 청산가리만으로도 사람을 죽일 수 있다. 이것을 이산화탄소와 비교해보자. 이산화탄소는 대기의 0.04퍼센트를 차지하는 아주 강력한 온실가스이다. 반면 질소는 대기의 78퍼센트를 차지하지만 반응성이 아주 낮다.

모든 데이터는 지구온난화 현상이 나타나도록 보정되거나 조작되었다. 과학을 자주 접하지 않은 사람들에게는 이것이야말로 '기후변화는 이미 벌어지고 있다'라는 주장의 가장 큰 문제점처럼 보일 것이다. 앞서 말한 것처럼 지난 150년간의 기후 데이터에는 일종의 보정이 필요하다. 하지만 이것은 과학적 과정의 일부다. 예컨대, 2012년 뮬러와 그의 버클리대학교 연구팀은 수집해온 지구 온도 기록을 발표했고 이에 따르면 지구 온도는 지난 250년간 1.5도 상승했다. 이것은 다른 추정치보다 높은 값이었는데, 이는 버클리 연구팀이 모든 기후 기록을 보정하지 않았기 때문이다. 과학은 점진적으로 발전하며 과학적으로 쓰이는 데이터에 관한 이해와 통찰은 점차 깊어진다. 모든 새로운 수정이나 보정은 데이터와 기후시스템에 관한 이해의 폭이 넓어졌기 때문에 이루어지며 각각의 새로운 연구는 우리가 내린 결론에 대한 확신을 더해준다. 그 때문에

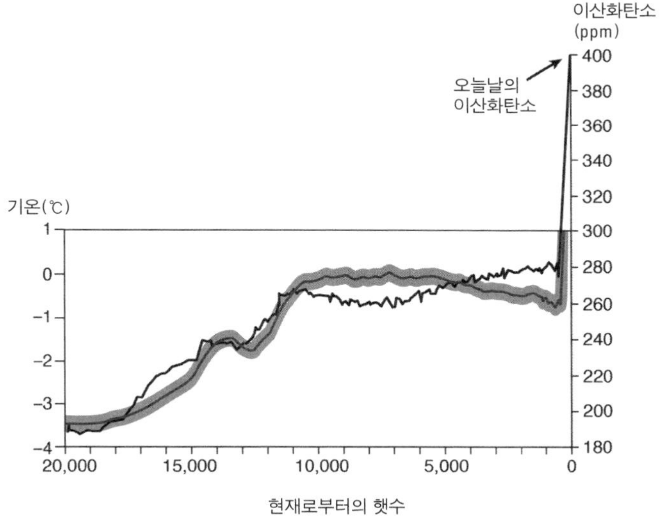

14. 지난 2만 년간의 지구 기온과 이산화탄소 변화.

IPCC의 보고서는 '증거의 무게'와 연관이 있다. 서로 다른 출처에서 비슷한 결괏값이 얻어졌을 때 과학에 대한 우리의 신뢰는 커지기 때문이다.

최근 지구 기온의 변화는 태양의 변화로 인한 것이다. 기후변화 연구자들과 부정론자들은 모두 태양흑점과 화산활동이 기후와 지구 기온에 영향을 미친다는 데 동의한다. 양쪽 진영의 차이점이 있다면, 부정론자들은 이러한 자연적인 변화가 기후에 지배적인 영향을 미친다고 믿고 싶어 한다는 것이다. 11년의 태양주기 동안 태양에너지 방출은 약 0.1퍼센트 변화하며 이는 성층권의 오존 농도, 기온, 바람에 영향을 미칠 수 있다는 증거가 있다. 하지만 이것은 지표면온도 변화에 아주 미미한 영향을 끼칠 뿐이다. 〔도판15〕를 보면 태양복사는 1880년부터 서서히 증가해 1955년경 정점을 찍고 이후 감소 추세라는 것을 알 수 있다. 지구 기온이 급격히 상승한 지난 50년 동안 태양에너지 방출은 사실상 감소한 것이다.

지난 150년 동안 기후는 급격한 변화를 보였다. 이것은 적어도 지난 2000년간의 기록과는 아주 다른 변화였다. 여기에는 지구 평균기온 1.1도 상승, 해수면 24센티미터 이상 상승, 강수강도와 계절성의 급격한 변화, 기후 패턴의 변화, 그린란드와 서남극 빙상의 해빙 가속화, 북극 얼음과 거의 모든 대

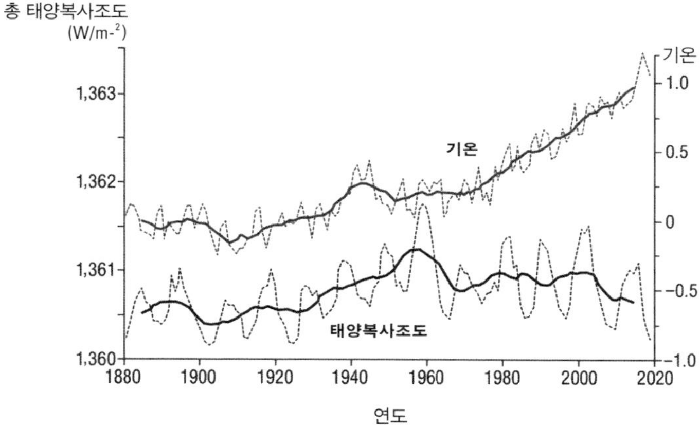

15. 태양흑점과 지구 기온.

륙빙하의 급격한 후퇴가 포함된다. 미국 해양기상청에 따르면 1880~2020년 중 가장 따뜻했던 열 해는 모두 최근 15년 내에 포진되어 있다. 가장 따뜻했던 해는 2020년과 2016년이고, 그다음은 2019년, 2015년, 2017년, 2018년, 2014년, 2010년, 2013년, 2005년 순이다. 2021년 IPCC 보고서는 기후변화의 증거가 명백하다고 언급하며 온난화의 원인이 인간의 온실가스 배출임을 강력히 확신한다고 밝힌다. 이를 뒷받침하는 여섯 가지 주요 증거는 다음과 같다. (1) 대기 중 온실가스 증가가 확인되었고 온실가스의 동위원소 구성에 따르면 추가적인 탄소는 대부분 화석연료 연소로 인한 것이다. (2) 실험실 측정과 대기 측정을 통해 온실가스가 열을 흡수한다는 사실이 밝혀졌다. (3) 지난 한 세기 동안 지구 기온과 해수면의 급격한 변화가 관찰되었다. (4) 빙상, 해빙, 대륙빙하의 후퇴, 기상이변을 비롯해 빙하권, 해양, 육지, 대기에서 급격한 변화가 발생했으며 기후변화의 여파가 이 모든 현상의 직접적 원인일 수 있다. (5) 태양흑점과 화산활동 같은 자연현상은 지난 100년간의 온난화 추세를 설명할 수 없다는 명백한 증거가 있다. (6) 우리는 과거의 장기적인 기후변화와 지구 기후 조절에 온실가스가 중요한 역할을 한다는 사실을 더 깊이 이해하게 되었다.

제 4 장

기후모델링과 미래 기후 예측

인간 사회는 다가올 날씨를 알고 있다는 전제하에 돌아간다. 예를 들어 인도의 농부들은 내년 어느 시기에 장맛비가 내릴지 알기 때문에 언제 작물을 파종해야 하는지도 안다. 인도네시아의 농부들은 매년 두 번의 장맛비가 내리므로 내년에도 두 번 수확할 수 있다는 것을 알고 있다. 이는 과거에 관한 지식이 있기 때문에 가능한 것이다. 기억대로라면 몬순철은 매년 비슷한 시기에 찾아온다. 하지만 예측이 필요한 이유는 이보다는 심층적인데, 우리 삶의 모든 영역에 골고루 영향을 미치기 때문이다. 주택, 도로, 철도, 공항, 사무실, 자동차, 기차 등은 현지 기후를 고려해 설계된다. 예컨대, 영국의 모든 주택에는 중앙난방은 있지만 에어컨은 없는데, 외부 온도가 보통

20도 이하이며 26도를 넘는 경우가 드물기 때문이다. 호주는 이와 정반대다. 대다수 주택에는 에어컨이 있지만 중앙난방은 거의 없다. 우리는 이제 과거의 날씨가 미래의 날씨를 알려줄 것이라고 신뢰할 수 없으므로, 미래 기후를 예측하는 일은 너무도 중요하다. 또한 우리는 우리의 행동이 어떤 결과를 초래할 것인지를 잘 이해하고 있어야 한다. 이를테면, 인류가 지금 같은 속도로 온실가스를 계속 배출할 경우 얼마나 심각한 기후변화가 발생할 것인가? 우리는 잠재적 미래를 예측하는 새로운 방식을 개발해야 한다. 따라서 우리는 미래를 모델링한다〔도판16〕.

모델

기후모델은 비교적 단순한 박스 모델부터 아주 복잡한 3차원 대순환모델(GCM)에 이르기까지 다양한 층위로 존재한다. 각각의 모델은 우리가 아는 지구 기후시스템 지식을 검토하고 확장하는 역할을 한다. 미래의 지구 기후 예측에 쓰이는 것은 복잡한 3차원 대순환모델이다. 이러한 종합적인 기후모델은 수학 방정식으로 표현되는 물리학 법칙에 기초하고 있으며, 지구를 둘러싼 3차원의 격자망을 통해 그 값이 구해진다.

가장 현실에 가까운 시뮬레이션을 하기 위해서는 기후시스

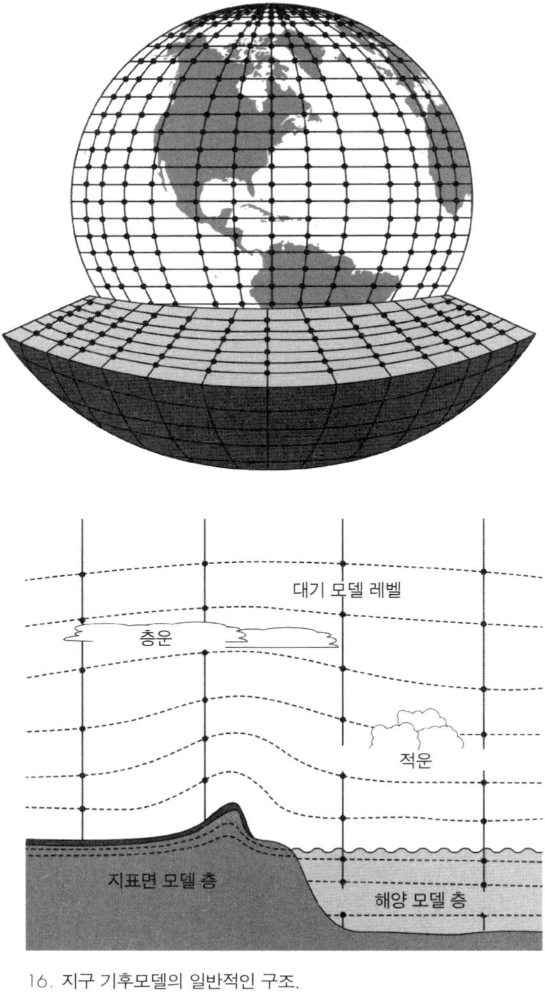

16. 지구 기후모델의 일반적인 구조.

템의 모든 주요 요소들이 대기, 해양, 지표면(지형), 빙하권, 생물권, 이들의 내부 작용 및 상호작용 같은 하위모델에 반영되어야 한다.

지난 40년간 기후모델에는 큰 발전이 있었다. 이는 기후시스템에 대한 우리의 지식이 축적된 덕분이기도 하지만, 컴퓨터 성능이 폭발적으로 성장한 덕분이기도 하다. IPCC의 최초 보고서가 발행된 1990년부터 최신 보고서가 발행된 2021년 사이에 모델의 공간 해상도는 대폭 개선되었다. 현재의 대순환모델은 대기, 육지, 해양에 여러 개의 층을 가지고 있으며 가로세로 30킬로미터의 모든 교차점보다 더 뛰어난 공간 해상도를 지닌다. 방정식은 보통 30분 간격으로 작동하는 모델 시뮬레이션을 통해 값이 얻어진다. 대기화학, 구름의 형성, 에어로졸(공기 중에 떠 있는 입자)의 생성과 이동, 해양 대류 같은 많은 물리적 작용들은 주요 모델이 해결할 수 있는 것보다 훨씬 작은 규모로 일어난다. 소규모 과정의 영향들은 한 덩어리로 뭉쳐지는데, 이것을 '매개변수화(parameterization)'라고 한다. 이 모든 매개변수화는 개별 '소규모 과정 모델'과의 비교를 통해 이 작은 영향들의 확장이 유효한지 확인받는다.

이 모델에서 가장 미지수인 부분은 물리학도, 화학도, 생물학도 아니다. 바로 향후 80년간 지구 온실가스 배출량을 예측하는 것이다. 여기에는 세계경제부터 개개인의 생활 방식에 이르기까지 수많은 변수가 존재한다. 따라서 미래에 발생 가능한 다양한 변화를 살펴볼 수 있도록 각기 다른 배출 시나리오를 기반으로 개별 모델들을 여러 번 돌려봐야 한다. 최근에 나온 IPCC 6차 평가 보고서(AR6)는 49개 국제 모델링 그룹이 작업중인 100개 이상의 개별 기후모델의 다중 실행 결과를 취합했으며, 이는 최신(여섯번째) 결합 모델 상호비교 프로젝트(CMIP6)에 소개되었다. 물론 컴퓨터 처리능력의 지속적인 개선에 따라 결합 기후시스템과 공간 스케일의 표현도 계속해서 업그레이드될 것이다.

탄소순환

기후모델의 중심에는 탄소순환이 있으며 이는 인류가 배출한 이산화탄소와 메탄이 어떤 결과를 낳을지 예측하는 데 핵심적이다. 지구에는 거대한 이산화탄소 배출원과 흡수원이 모두 존재하므로 지구의 탄소순환은 복잡다단하다. 현재 우리가 배출하는 모든 탄소의 절반은 자연적인 탄소순환을 통해 흡수되어 대기가 아니라 바다와 육지의 생물권에 저장된다. 〔도판17〕은 지구 탄소 저장고와 플럭스(연간 탄소 유입량과 유출량)를 탄소톤 단위로 표시한 것이다. 이러한 수치는 산업혁명 이후의 변화를 보여준다. 수집중인 증거에 따르면 이러

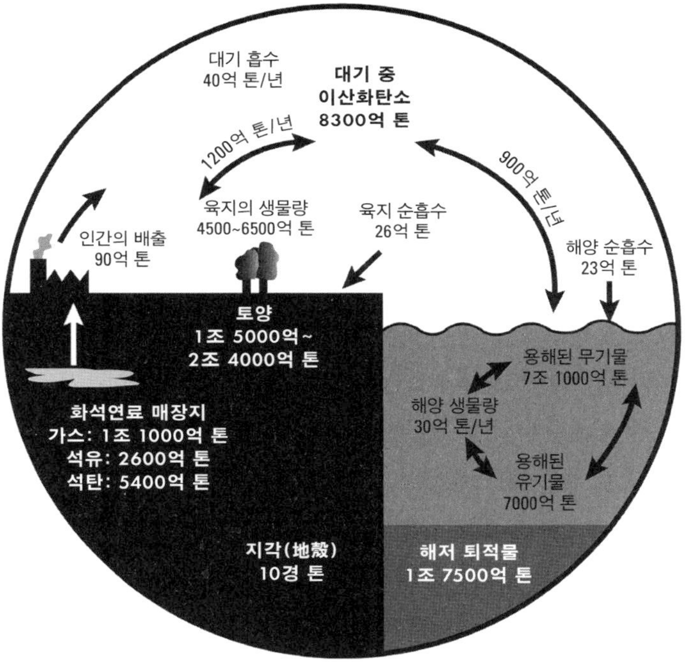

17. 탄소순환(단위: 탄소톤).

한 플럭스의 대부분은 연간 편차에 따라 크게 달라질 수 있다.

그 이유는 이러한 수치를 통해 전달되는 정적인 이미지와 달리, 실제 탄소계는 역동적이고 계절·연간·10년의 타임 스케일에 따른 기후시스템과 연계되기 때문이다. 한 가지 분명한 것은, 해수면과 육지 생물권이 매년 인류가 배출하는 탄소의 25퍼센트가량을 흡수한다는 사실이다. 바다의 수온이 상승하면 이산화탄소 용해량이 감소하고, 이는 바다의 탄소 흡수량이 줄어든다는 뜻이다. 우리가 산림을 훼손하고 토지 용도를 변경하는 동안 육지 생물권의 탄소 흡수 여력도 감소한다.

온난화 및 냉각 효과

지구의 기후시스템이 복잡한 이유는 온난화 효과와 더불어 냉각 효과도 존재하기 때문이다〔도판18〕. 여기에는 공기 중의 에어로졸(이 중 다수는 화력발전소에서 발생하는 황 배출물처럼 인간 활동으로 인해 발생한다)이 포함되며 이것은 지표에 닿는 태양복사 비율에 직접적인 영향을 미친다. 에어로졸은 국소 지역의 기온에 상당한 영향을 끼친다. 컴퓨터의 기후변화 시뮬레이션에 따르면 전 세계 공업지대의 기온 상승은 온실가스 증가로 인해 예상되는 것보다 심각하지 않았다. 일명 '지구흐

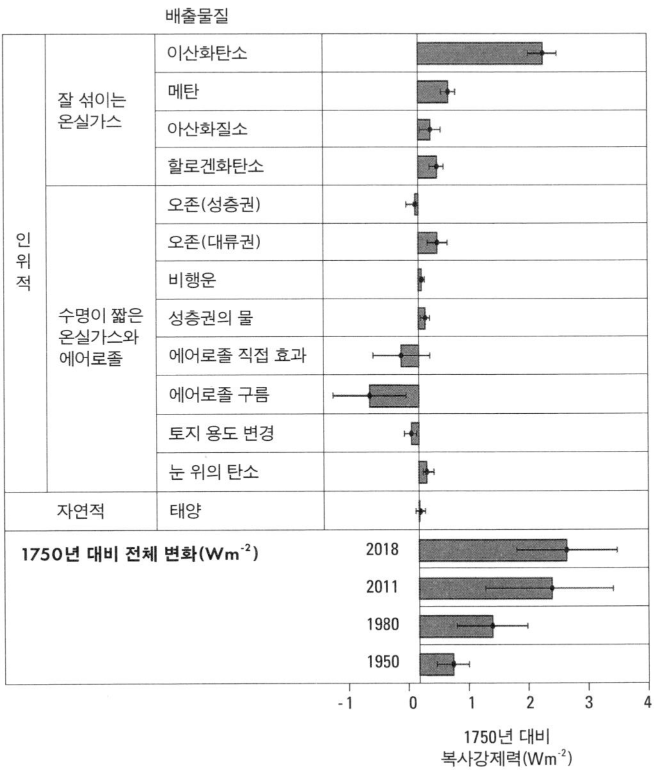

18. 1750년과 2018년 사이의 복사강제력.

리기(global dimming),' 더 정확하게 표현하자면 '지역흐리기(regional dimming)'라는 현상은 실제 기온 및 에어로졸 측정을 통해 사실임이 밝혀졌다. 수증기는 온실가스이지만, 동시에 구름 상층의 흰색 표면은 태양복사를 우주로 반사한다. 이와 같은 표면 반사의 비율을 '알베도(albedo)'라고 한다. 구름과 얼음은 알베도가 높은데, 이는 구름과 얼음은 태양광이 지표에 닿지 못하도록 많은 양을 반사한다는 뜻이다. 대기 중 에어로졸이 증가하면 수증기가 응결될 수 있는 입자가 많아지므로 덮개 역할을 하는 구름이 증가한다. 이렇게 증가한 구름의 양과 종류가 어떠할지, 그 구름의 온난화 혹은 냉각화 잠재력은 어느 정도일지 예측하는 것은 기후과학자들의 중요한 과제 중 하나다.

배출 예측 모델

앞서 언급했듯이, 미래 기후 예측에서 결정적인 요소는 미래에 배출될 이산화탄소의 양을 예측하는 것이다. 이것은 인구 증가, 경제성장, 개발, 화석연료 사용, 신재생에너지로의 전환 속도, 산림벌채, 배출 저감에 대한 국제협약의 효율성 등에 의해 영향을 받을 것이다. 우리가 미래 예측에 반영하고자 하는 모든 요소 중에서 인류는 가장 복잡하고 예측이 불가능한 대상이다. 80년 후를 예측하는 작업이 왜 어려운지 알고자 한다면, 1920년대를 살면서 21세기의 모습을 떠올린다고 상상해보라. 20세기 초에는 대영제국이 산업혁명과 석탄 연료로 전 세계를 호령하던 초강대국이었다. 과연 예측할 수 있었을까? 2차대전 이후 세계경제가 석유 기반으로 전환하리라는 것을? 자동차 이용이 폭발적으로 증가한다는 것을? 항공여행이 보급된다는 것을? 불과 30년 전만 해도 유럽, 미국, 아시아 전역에 걸쳐 저렴한 항공편을 제공하는 저가항공사의 등장을 예견하긴 어려웠을 것이다.

최초의 IPCC 보고서는 향후 100년 동안의 온실가스 배출에 대한 가장 단순한 가정을 사용했다. 2000년부터 기후모델은 온실가스 배출 시나리오에 관한 IPCC 특별보고서(SRES, 2000)에 명시된 조금 더 상세한 시나리오들을 이용했다. 2013년 IPCC 5차 보고서(AR5)는 더욱 정교한 대표농도경로(representative concentration pathway, RCP)를 이용했는데, 이는 인구, 토지 사용, 에너지 강도, 에너지 사용, 지역 개발 편차 등의 사회경제적 모델에 훨씬 다양한 변수를 반영했다. 대표농도경로는 2100년에 도달할 최종 복사강제력으로 정의되며 그 범위는 2.6~8.5W/m^2이다. 복사강제력은 지구가 흡수하는 태양광(복사에너지)과 우주로 반사되는 에너지의 차이이며 W/m^2의 단위로 표시된다. 2021년 IPCC 6차 보고서(AR6)

에서는 지구 기온 상승의 폭을 산업화 이전 대비 1.5도로 제한한다는 2015년 파리기후변화협약의 야심 찬 목표를 반영해 RCP1.9가 추가되었다. IPCC 6차 보고서에서는 공통사회경제경로(shared socioeconomic pathway, SSP)도 사용되었는데, 이는 다양한 미래 가능성을 충분히 다루기 위해 개발되었다. 공통사회경제경로는 미래 세계경제와 세계 배출량을 설명하는 다섯 가지 시나리오와 원동력을 가리킨다〔도판19〕. 아래에 소개된 공통사회경제경로는 키완 리아히(Keywan Riahi)와 그의 동료들이 2017년 과학 학술지 〈세계환경변화Global Environmental Change〉에 발표한 내용이다.

- SSP1: 지속가능성 — 친환경의 길

기후변화 완화와 적응에 무리 없음: 이 시나리오 속에서 세상은 조금 더 지속가능한 경로를 향해 점진적이지만 지속적으로 나아가며, 탁월한 환경 의식과 포용력을 기반으로 경제성장이 이루어진다. 지구 환경의 관리는 서서히 개선되고, 교육과 보건 투자는 인구 감소의 방향으로 인구통계학적 전환을 가속화하고, 경제성장에 대한 강조는 더욱 폭넓은 인간의 웰빙에 대한 강조로 바뀐다. 개발목표 달성 의지가 확고해짐에 따라 국가 내부 및 국가 간의 불평등이 감소한다. 소비는 낮은 물질적 성장, 더 낮은 자원과 에너지 강도를 지향한다.

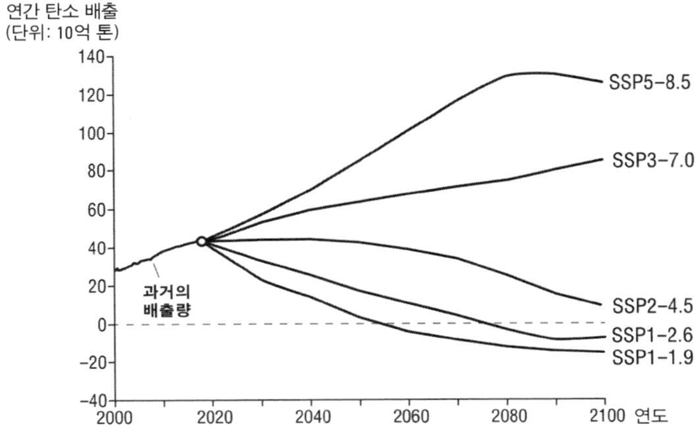

19. 미래 탄소 배출 시나리오.

• SSP2: 중도

기후변화 완화와 적응이 쉽지 않음: 이 시나리오의 세계는 사회·경제·기술의 경향이 기존의 역사적 패턴과 크게 달라지지 않았다. 개발과 소득 성장은 불평등하게 진행되어 일부 국가는 비교적 좋은 성과를 거두는 반면 다른 국가는 기대에 못 미치는 성과를 내놓는다. 국제기구 및 국내의 기관들이 지속가능한 발전이라는 목표를 달성하기 위해 노력하지만 진전이 더디다. 자연환경체계는 부분적으로는 개선이 되고 전반적인 자원 및 에너지 사용 강도가 줄어들어도 황폐화를 겪는다. 세계 인구의 성장세는 금세기 후반부터 완만하게 꺾인다. 소득 불평등은 근절되지 않거나 아주 서서히 개선되고, 사회·환경적 변화에 대한 취약성을 줄이는 과제는 여전히 남아 있다.

• SSP3: 지역 경쟁—험난한 길

기후변화 완화와 적응이 몹시 어려움: 이 시나리오에는 민족주의 부활, 경쟁력과 안보에 대한 우려, 각 나라의 관심이 자국 혹은 기껏해야 특정 지역에 쏠리도록 하는 지역 갈등이 포함된다. 정책은 점점 더 국가 및 지역의 안보에 집중하는 추세로 바뀐다. 국가들은 폭넓은 개발을 포기한 채 역내 에너지 및 식량안보 목표 달성에 초점을 맞춘다. 또한 이 시나리오는 교육과 기술 개발에 대한 투자가 감소한다고 가정한다. 경제 발전은 더디고, 소비는 물질 집약적이고, 불평등은 지속되거나 악화된다. 인구성장률은 산업화된 국가에서는 낮고 개발도상국에서는 높다. 국제사회에서 환경문제 해결의 중요도가 낮아 일부 지역은 심각한 환경 황폐화를 겪는다.

- SSP4: 불평등—갈라진 길

기후변화의 완화는 쉽지만 적응이 어려움: 이 시나리오에서는 인적자본에 대한 매우 불평등한 투자가 이루어지고, 경제적 기회와 정치적 힘의 격차가 벌어져 국내 및 국가 간의 불평등과 양극화가 심해진다. 세계경제 중에서 지식집약적이고 자본집약적인 분야에 기여하며 국제적으로 유대하는 사회와, 노동집약적 저기술 경제에 저임금·저학력의 분열된 사회 간의 격차가 벌어진다. 사회적 통합이 약화되고 갈등과 불안이 고조된다. 고기술 경제에서는 상당한 개발이 이루어진다. 국제적으로 유대하는 에너지 분야는 점차 다양화되는데, 석탄과 석유 같은 탄소 집약적인 연료와 저탄소 에너지원에 대한 투자가 동시에 이루어진다. 경제정책은 중·고소득 지역의 문제에 초점이 맞춰진다.

- SSP5: 화석연료를 통한 개발—고속도로

기후변화의 완화는 어렵지만 적응은 쉬움: 이 시나리오에서 세계는 신속한 기술 발전과 인적자본 개발을 통해 지속가능한 성장을 달성하기 위해 경쟁시장, 혁신, 참여 사회 등에 대한 믿음을 더욱 강조한다. 전 세계 시장들은 점점 더 통합된다. 인적·사회적 자본을 강화하기 위해 의료, 교육, 제도에 대한 강력한 투자가 진행된다. 경제·사회적 발전 추진과 더불어, 전 세계는 많은 화석연료를 사용하고 자원·에너지 집약적인 생활 방식을 추구한다. 이 모든 요소들은 세계경제의 급성장으로 이어지고, 세계 인구는 21세기에 정점을 찍고 감소한다. 대기오염 같은 지역적인 환경문제들은 성공적으로 관리된다. 사회체계와 생태계를 효율적으로 관리할 수 있다는 믿음이 있고, 필요할 경우 지구공학 기술도 도입될 수 있다.

이는 우리의 미래 사회가 밟아나갈 수 있는 각기 다른 경로들을 설명한 것이다. SSP1과 SSP5는 인류의 발전에 대해 낙관적이며 "교육과 보건에 대한 상당한 투자, 신속한 경제성장, 제대로 작동하는 제도"가 가능하다고 본다. 차이가 있다면 SSP5는 화석연료 집약적인 반면, SSP1은 신재생에너지로의 전환을 가정한다는 것이다. SSP3와 SSP4는 미래에 대해 비관적이고, SSP2는 이름에 나타난 것처럼 어느 한쪽으로 치우치지 않은 중도의 시나리오다. 6차 보고서(AR6)에서 사용된 시나리오들은 공통사회경제경로(SSP)와 대표농도경로(RCP)

를 결합한 것으로, 뚜렷한 서사와 결과를 보여준다. 공통사회경제경로에는 완화 조치가 포함되지 않는데, 탄소 배출이 많은 세계경제라고 하더라도 대대적인 완화 조치를 통해 낮은 농도경로를 향해 나아갈 수 있다. 모든 공통사회경제경로와 대표농도경로의 조합들을 살펴볼 경우, 가능성이 희박하거나 불가능에 가까운 것도 있다. 이를테면 SSP5와 RCP1.9의 조합처럼 말이다. 6차 보고서(AR6)는 SSP1-1.9, SSP1-2.6, SSP2-4.5, SSP3-7.0, SSP5-8.5라는 다섯 개의 주요 시나리오에 집중한다〈표2〉.

모델링의 불확실성

최신 보고서인 6차 보고서에서는 과거 및 미래의 배출 시나리오가 약 100개의 개별적이고 독자적인 대순환모델을 위해 사용되었다. 각 모델은 저마다 독자적인 주요 과정의 설계와 매개변수화를 갖추고 있다. 모델의 독자성이 중요한 이유는, 각기 다른 모델을 수차례 실험한 끝에 비슷한 미래 기후 예측이 나와야 신뢰도가 높아질 수 있기 때문이다. 게다가 모델 간의 차이를 통해 우리는 각 모델의 한계와 장점을 이해할 수 있다. IPCC 내에서는 정치적 편의성 때문에 각 모델과 결괏값이 동등하게 유효하다고 가정한다. 역사 기록과 고기후 기록을 통해 확인 가능한 현실과 비교해봤을 때 일부 모델이 다른 모델보다 훨씬 신빙성이 있는데도 말이다. 또한 우리가 단일 모델의 불확실성을 안다고 해도 여러 모델의 불확실성을 계량화한다는 개념은 이론적 배경이나 근거가 사실상 부족하다. IPCC는 실행된 모든 모델들을 통합한 다음, 모델들 간의 평균과 불확실성을 제시한다. 이 방식을 이용하면 모델들의 결괏값에 차이가 존재하더라도 그 결과가 전반적으로 비슷하며 우리가 어떤 시나리오를 채택하느냐에 따라 미래의 모습이 아주 달라진다는 것을 알 수 있다. 2021년 IPCC 보고서의 불확실성은 이전 보고서들에 비해 약간 높다. 이는 모델링 과정에 대한 우리의 이해도가 높아지고 우리가 가진 지식의 불확실성을 계량화하는 능력이 향상되었기 때문이다. 기후모델에 대한 우리의 신뢰는 커졌지만, 동시에 특정 온실가스 강제력과 관련해 가능한 답변의 범위도 넓어졌다. 모델들과 그 불확실성을 시험하는 한 가지 방법은, 예측을 실제 현실의 결과와 비교해보는 것이다. 세번째 결합모델 상호비교 프로젝트(CMIP3)는 2001년 IPCC 3차 보고서(AR3) 직전에 진행되었고 우리는 그 모델 예측을 이후 20년간의 실제 데이터와 비교할 수 있다. 〔도판20〕에 나온 것처럼 이전의 기후모델들이 제시한 지구온난화 예측은 매우 훌륭했고, 우리는 20년간 기후모델을 개선하고 예측에 사용하는 수치를 확대해왔다.

대표농도경로(RCP)	설명
RCP8.5	복사강제력이 8.5 W/m^2로 증가하는 경로 (2081~2100년 이산화탄소 ~1,000 ppm)
RCP7	7 W/m^2로 안정화되는 경로 (2081~2100년 이산화탄소 ~800ppm)
RCP4.5	4.5 W/m^2로 안정화되는 경로 (2081~2100년 이산화탄소 ~600ppm)
RCP2.6 (혹은 RCP3PD)	복사강제력 최고치는 ~3 W/m^2 (이산화탄소 ~490ppm에서 최고점을 찍고 2081~2100년에는 ~450ppm으로 줄어들어 2100년에는 2.6 W/m^2)
RCP1.9 (혹은 1.5°C 시나리오)	복사강제력 최고치는 ~1.9 W/m^2 (2081~2100년 이산화탄소 ~400ppm, 모든 SSP의 전 세계 탄소 네거티브 배출을 통해서만 이 경로를 달성할 수 있다)

표2. 대표농도경로 정의.

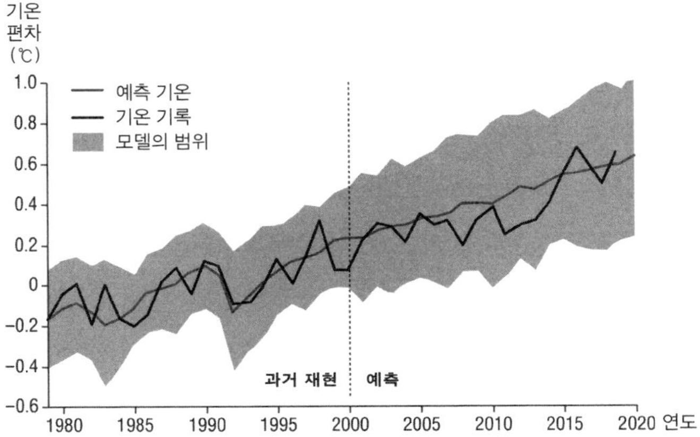

20. 기후 데이터(2000~2020년)와 비교한 기후모델 예측.

미래의 지구 기온, 강수량, 해빙(海氷) 면적, 해수면 높이

2021년 IPCC 보고서를 위해 10~36개의 기후모델로 다섯 개의 SSP-RCP 조합을 각각 시험해 지구 기온, 강수량, 해빙 면적, 해수면 높이의 변화에 관한 시나리오들이 완성되었다. 이 기후모델들을 살펴보면 인류의 온실가스 배출량에 따라 지구 표면온도는 2081~2100년에 산업화 이전 기간(1850~1990년) 대비 1.3~5.5도까지 상승할 수 있다〈표3〉. SSP1-1.9를 제외한 모든 시나리오에서 지구 기온 상승폭은 2021년과 2041년 사이에 1.5도를 넘기는데, 가장 확률이 높은 시점은 2030년이다. 또한 이 모델들은 불균등한 기온 상승 분포를 보여주는데, 육지에서 가장 심각한 기온 상승이 예상된다.

미래의 해수면상승은 우리가 어떤 공통사회경제경로(SSP)를 따르느냐에 따라 달라지며 이번 세기의 마지막 20년은 0.32~0.82미터 정도의 상승이 예상된다(〈표3〉, 〔도판21〕). 이미 해수면 높이가 20센티미터 상승했으므로 총 상승폭은 0.52~1.02미터인 셈이다. 2100년 최종 해수면 높이의 경우, 이 모델들은 세계 평균 27~98센티미터 상승할 것으로 내다본다. 이것은 2100년까지 28~79센티미터 상승을 예측했던 2007년 IPCC 보고서와 비슷하면서도 조금 더 극단적인 수치다.

공통사회 경제경로 (SSP)	산업화 이전 대비 2081~2100년 지구 기온 변화(°C)	1990~2014년 대비 2081~2100년 지구 해수면상승(m)	1990~2014년 대비 2081~2100년 지구 강수량 증가(%)
SSP5-8.5	4.7 (3.4–5.5)	0.73 (0.50–1.07)	8.2% (2.5–13.8%)
SSP3-7.0	3.9 (2.8–4.6)	0.65 (0.41–1.00)	5.5% (0.5–10.4%)
SSP2-4.5	2.9 (2.1–3.3)	0.55 (0.28–0.89)	4.7% (1.7–6.4%)
SSP1-2.6	1.9 (1.4–2.2)	0.41 (0.29–0.71)	3.2% (0.7–5.6%)
SSP1-1.9	1.5 (1.1–1.7)	미완료	2.7% (0.6–4.8%)

표3. 기온, 강수량, 해수면 높이의 예측.

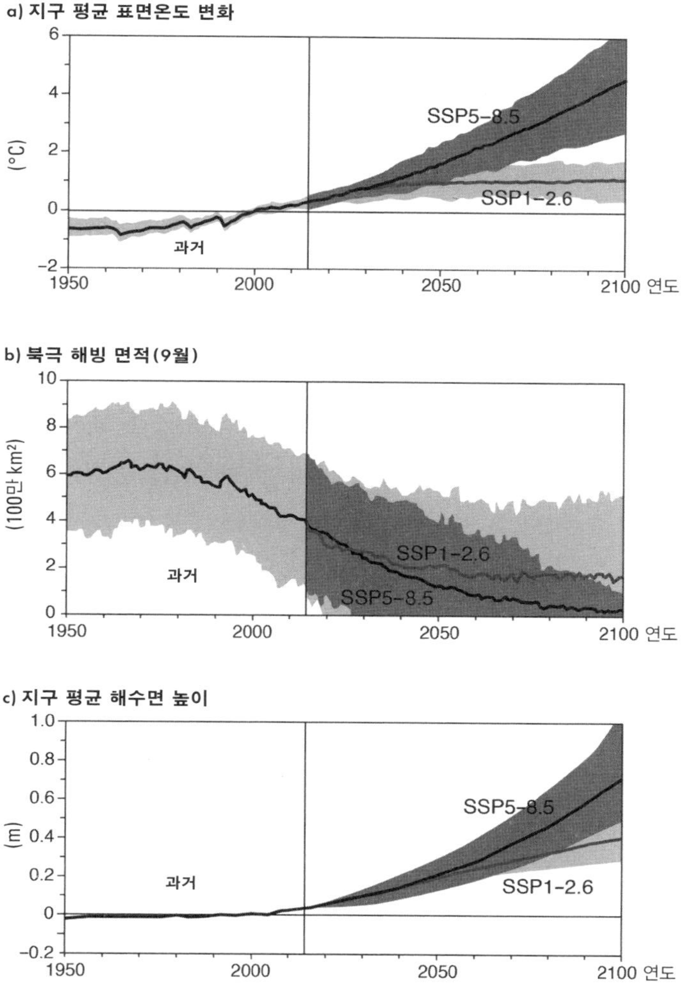

21. 21세기 지구 기온, 북극 해빙(海氷) 면적, 해수면 높이.

육지와 해양의 평균 강수량은 다섯 개의 SSP 내에서 모두 증가할 가능성이 매우 높다〈표3〉. 1995~2014년 대비 2081~2100년 육지 연간 강수량은 저탄소 시나리오인 SSP1-1.9에서는 2.7퍼센트(범위는 0.6~4.8퍼센트), 고탄소 시나리오인 SSP5-8.5에서는 8.2퍼센트(범위는 2.5~13.8퍼센트) 상승한다. 모든 시나리오에 따르면 육지 평균 강수량은 지구 기온이 1도 높아질 때마다 1~3퍼센트가량 증가한다.

세 가지 최악의 SSP 시나리오(SSP2-4.5, SSP3-7.0, SSP5-8.5)의 경우, 북극해는 2081~2100년경이면 (얼음이 가장 적은 달인) 9월에 사실상 얼음이 없는 상태(얼음 면적 100만 제곱킬로미터 이하)가 된다.

기후변화 부정론자들의 주장

기후변화 모델링에 관한 오해를 가장 쉽게 정리할 수 있는 방법은 기후변화 부정론자들의 주장을 검토해보는 것이다.

모델마다 결과가 각각 다른데, 어떻게 그것을 믿을 수 있나? 이것은 모델링에 익숙하지 않은 많은 사람들이 보이는 가장 흔한 반응인데, 과학은 어떤 식으로든 미래를 정확히 예측할 수 있어야 한다고 생각하기 때문이다. 하지만 인생의 다른 어떤 부분에서도 우리는 이런 정확함을 기대할 수는 없다. 예컨대, 당신은 어떤 말이 경주에서 우승할지, 어떤 축구팀이 승리할지 결코 정확한 예측을 내놓을 수 없다. 진실을 말하자면, 기후모델은 다양한 잠재적 미래의 범위를 제시할 뿐이므로 그 어떤 기후모델도 정확하지 않다. 미래에 대한 우리의 견해는 여러 개의 모델을 이용함으로써 강화될 수 있는데, 각각의 모델은 각기 다른 전 세계 과학자 집단이 각기 다른 과정, 컴퓨터, 프로그램언어를 사용해 개발하기 때문이다. 따라서 이 모델들은 각각 독자적인 미래 예측을 제공한다. 과학자들이 모델의 결괏값에 대해 확신을 갖는 이유는, 그 모델이 향후 80년간의 지구 기온과 해수면 높이에 대해 비슷한 추세를 예측하기 때문이다. 2021년 IPCC 보고서의 가장 큰 장점 중 하나는 전 세계 49개 모델링 그룹이 제공한 100개 이상의 개별 모델을 사용했다는 것이다. 반면 2013년에는 40개, 2007년에는 23개, 2001년에는 7개의 모델만이 사용되었다.

기후모델은 이산화탄소에 너무 민감하다. 많은 부정론자들은 기후변화의 심각성을 축소하기 위해 이 모델들이 온실가스 변화에 지나치게 민감하다고 주장한다. 이것은 전형적인 '생각만큼 나쁘지는 않다'는 식의 주장이다. 수많은 기후모델을 이용하는 것의 장점은 과학자들이 모델 결괏값에 대한 확신을 평가하고 상호 비교 및 실제 데이터와의 비교를 통해 모델들의 민감도를 확인할 수 있다는 것이다. 기후모델의 중요한 테스트 중에는 평형기후민감도(equilibrium climate sensitivity, ECS)가 있는데, 이는 이산화탄소 농도가 산업화 이전 대비 두 배 증가할 때의 지구 기온 변화를 각 모델이 예측하는 것이다. 그 결과는 지난 50년간 매우 일관성 있게 나타났다〔도판22〕. 2021년 IPCC 보고서는 가장 최근 모델의 범위가 2.50~5.43도(평균 3.74도)라고 밝혔으며 이는 다른 측정값들과 일치한다.

기후모델들은 자연적인 변수들을 재구성하지 못한다. 많은 기후변화 부정론자들은 현재의 온난화 추세가 자연적 변수에 의해 발생한다고 주장한다. 하지만 과학자들은 냉각 효과를 유발하는 요소를 비롯해 모든 자연적 변수를 기후모델에 포함시킨다. 온난화 효과와 냉각 효과를 유발하는 자연적 변수(태양, 화산, 에어로졸, 오존)와 인위적 변수(온실가스, 토지 용도 변경)에 관한 모든 과학적 지식을 감안할 때, 지난 150년간의 온난화는 100퍼센트 인간에 의해 발생했다는 것을 알 수 있다.

구름은 지구온난화에 음성피드백을 하며 기후변화의 영향을 감소시킨다. 최초의 IPCC 보고서가 발행된 1990년 이래, 기후모

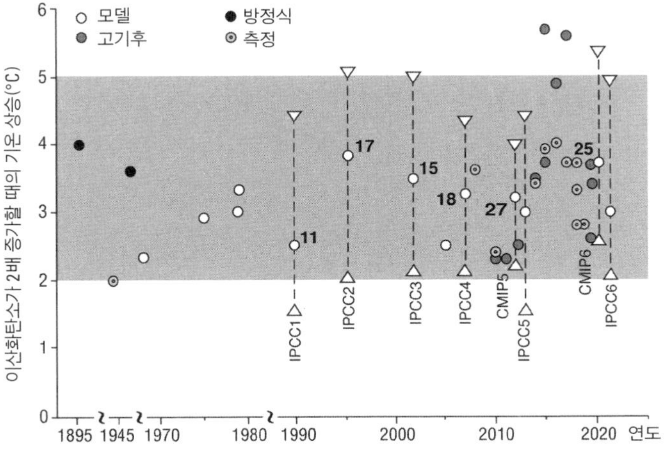

모델
고기후
방정식
측정
이산화탄소가 2배 증가할 때의 기온 상승(°C)
0
1
2
3
4
5
6
11
17
15
18
27
25
IPCC1
IPCC2
IPCC3
IPCC4
CMIP5
IPCC5
CMIP6
IPCC6
1895
1945
1970
1980
1990
2000
2010
2020
연도

22. 평형기후민감도.

델의 불확실성 중 하나는 구름의 역할 및 구름과 태양복사의 상관관계다. 구름은 태양복사를 흡수하고 반사함으로써 지표면 냉각 효과를 유발하기도 하고, 태양복사를 흡수하고 장파복사를 방출하여 온난화 효과를 유발하기도 한다. 이처럼 상반된 효과들의 경쟁은 구름의 높이, 두께, 복사 특성에 따라 달라진다. 구름의 형성 및 발달, 복사 특성은 대기 중 수증기, 물방울, 얼음 입자, 에어로졸, 구름 두께의 분포에 따라 결정된다. 구름들이 기후모델 속에서 어떻게 표현되고 매개변수화되는지에 대한 물리적 근거는, 구름-물 수지방정식(收支方程式)에 구름의 미시물리학적 성질을 포함시킴으로써 상당히 강화되었다. 〔도판18〕은 구름에 대한 가장 극단적인 냉각 값을 적용하더라도, 온실가스로 인한 온난화 효과가 여전히 세 배 더 크다는 것을 보여준다.

기후변화는 은하우주선(銀河宇宙線, GCR)으로 인해 발생하는 것이 분명하다. 은하우주선은 태양계 밖에서 발생하는 고에너지 복사로, 어쩌면 멀리 떨어진 은하로부터 발생하는 것일 수도 있다. 이것이 구름씨를 뿌리거나 구름을 '형성'하는 데 도움을 준다는 주장이 있다. 따라서 지구에 도달하는 은하우주선의 감소는 더 적은 구름을 의미하고, 이는 더 적은 양의 태양광이 우주로 반사되어 지구온난화가 유발됨을 의미한다.

하지만 이 아이디어에는 두 가지 문제점이 있다. 첫째, 과학적 증거에 따르면 은하우주선은 구름씨를 심는 데 아주 효과적이지 못하다. 둘째, 지난 50년간 은하우주선의 유입은 사실상 증가 추세이며 최근 몇 년 동안은 기록적인 수준에 도달했다. 만약 이 주장이 옳다면 은하우주선이 지구를 냉각시켜야 하는데 실제로 그런 일은 일어나지 않았다.

미래의 기후변화를 모델링하는 것은 기후시스템의 근본적인 물리적 과정을 이해하는 것이다. 2021년 IPCC 보고서를 위해 다섯 가지 새로운 배출 시나리오가 완성되었고 이때 사회경제 모델에는 인구, 토지 이용, 에너지 집약도, 에너지 사용, 지역 개발 격차 등 더 광범위한 요소가 포함되었다. 이 배출 경로 중 하나(SSP1-1.9)는 정책 입안자들에게 2015년 파리기후변화회의에서 정한 1.5도 이내의 온난화라는 야심 찬 목표의 달성 방법을 알리기 위해 만들어졌다. IPCC 시나리오를 완성하기 위해 100개 이상의 기후모델이 사용되었으며 이는 엄청난 '증거의 무게'를 제공한다. 향후 80년간의 가장 현실적인 탄소 배출 경로 세 가지를 사용했을 때, 기후모델들은 지구 평균 표면온도가 2100년까지 2.1~5.5도 상승할 것으로 내다본다. 하지만 지구 기온 변화는 2100년을 기점으로 멈추지 않을 것이다. 〔도판23〕은 인류가 어떤 배출 경로를 따르는지에 따라 이번 세기 이후의 기온이 어떻게 변화할지 보여준

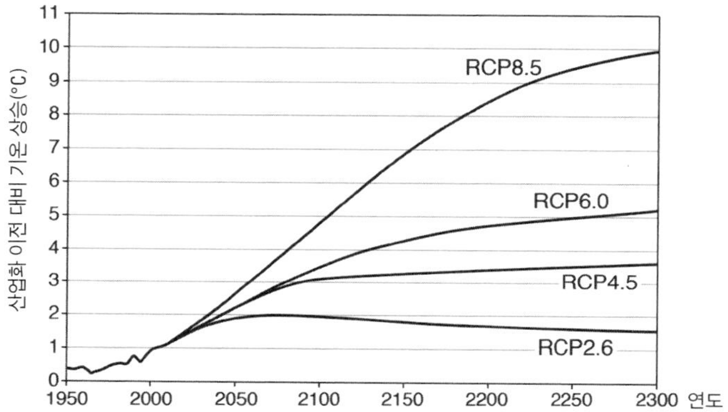

23. 지구 표면온도(1950~2300년).

다. 가장 현실적인 세 가지 탄소 배출 경로를 이용할 경우, 기후모델들은 지구 평균 해수면이 2100년까지 산업화 이전 대비 0.5~1.3미터 상승할 것으로 예상한다.

제 5 장

기후변화의 영향

이번 장에서는 기후변화의 잠재적 영향을 알고 이것이 온난화의 규모와 강도를 어떻게 변화시키는지를 분석한다. IPCC의 '영향, 적응 및 취약성' 보고서는 담수 자원, 생태계, 연안 및 해양 시스템, 식량안보, 인류 보건 등 다양한 분야와 더불어 각 지역에 미칠 잠재적 영향을 살펴본다. 기후변화가 끼치는 영향의 범위와 강도를 국가와 지역 차원에서 파악하는 것도 필요하다. 이와 관련해 훌륭한 수준의 국가 보고서와 도구가 존재하며 미국의 국가기후평가(National Climate Assessment)와 영국의 기후영향프로그램(Climate Impacts Programme)은 해당 국가의 잠재적 기후변화 영향을 이해하기 위한 쌍방향 도구를 제공한다. 이번 장에서는 기후변화의 잠재적 영향을 폭염과 가뭄, 폭풍과 홍수, 농업, 해양 산성화, 생물다양성, 인간의 건강으로 세분화하여 살펴본다.

위험한 기후변화란 무엇인가?

정책 입안자들에게 가장 중요한 질문 중 하나는 '무엇이 위험한 기후변화인가?'이다. 전 세계 온실가스 배출을 줄이려면 기후변화에 대처할 수 있는 현실적인 목표가 필요하기 때문이다. 2005년 2월 영국 정부는 바로 이 문제를 논의하려고 영국 엑서터에서 국제 과학회의를 열었다. 이 회의는 굉장히 정치적이었는데, 영국 정부는 글렌이글스에서 열릴 선진 8개국(G8) 정상회담에 배포할 권고안을 마련중이었기 때문이다. 당시 영국은 G8 의장국이자 유럽연합 의장국이었고, 토니 블레어 영국 총리는 본인의 공동 의제인 기후변화 완화와 아프리카 빈곤 완화를 국제적으로 추진하고자 했다. 이 과학회의와 당시의 많은 연구들은 산업화 이전 평균 온도보다 2도 높은 수준으로 기온의 상승폭을 제한해야 한다고 제안했다. 그 수준을 지키면 지역별 기후변화로 인해 승자와 패자가 갈릴 것이었고, 그 수준조차 못 지키면 모두가 패자가 될 듯했다. 현재는 기온이 산업화 이전 대비 2도 이상 상승하면 기상이변으로 인해 사실상 그 어떤 지역도 혜택을 얻을 수 없음이 밝혀졌다. 2015년 파리기후변화회의에서 군소도서국가연합(Alliance of Small Island States)과 주요 개발도상국들은 약간의 온난화만으로도 자신들이 치명적인 피해를 입을 것이라고 강조했다. 파리기후변화회의는 2도를 주요 목표로 설정하면서도 1.5도의 목표가 더 바람직하다고 덧붙였다. 이후 2018년 발표된 '1.5도 온난화'에 관한 IPCC 특별보고서는 기온이 1.5도 상승한 세계와 2도 상승한 세계에서 각 지역과 국가가 겪게 될 기후변화 영향의 차이는 상당하리라는 것을 보여줌으로써 1.5도 목표치를 옹호했다.

기상이변과 사회의 대처 범위

기후변화와 관련된 가장 큰 문제는 그것이 미래에 미치는 영향을 제대로 예측하기 어렵다는 것이다. 인류는 북극부터 사하라사막에 이르기까지 극단적인 기후 속에 거주하고 생존하고 심지어 번영할 수 있지만, 문제는 현지 기후가 예측 가능한 극단을 벗어날 때 발생한다. 예컨대 어떤 지역의 폭염, 폭풍, 가뭄, 홍수는 다른 지역에서는 상당히 일상적인 현상으로 여겨질 수 있다. 이는 각 사회마다 대처 범위, 즉 그 사회가 감당할 수 있는 기후의 범위가 다르기 때문이다. 〔도판24〕는 사회의 대처 범위와 기후변화를 결합한 이론적 영향을 보여준다. 현재 기후에서 대부분의 날씨는 우리가 대처할 수 있는 범위 내에 있으며 기상이변은 한두 건 정도에 불과하다. 사회의 대처 능력을 넘어서는 기상현상은 200년에 한 번 꼴로 일어난다. 하지만 기후가 서서히 새로운 평균치를 얻어가는 가운데 우리의 대처 범위가 제자리라면 기상이변의 빈도는 높아질 것이다. 따라서 200년에 한 번 꼴로 일어날 사건이 50년에 한 번 꼴로 일어날 수 있다. 좋은 소식은 사회의 대처 범위는 유연한 편이며, 기준선이 변하고 기상이변이 잦아지는 일에 적응해갈 수 있다는 것이다. 어떤 종류의 변화가 발생할 것인지 정확히 알려줄 수 있는 탄탄한 기후과학이 존재한다는 전제하에 말이다. 사회의 대처 범위가 얼마나 신속히 확대될 수 있느냐는 사회의 어떤 영역이 영향을 받느냐에 따라 달라진다. 개인의 행동은 아주 빠르게 바뀔 수 있는 반면, 주요 기반시설 구축에는 수십 년이 걸릴 수 있다. 기후변화의 커다란 도전 중 하나는 미래의 변화에 적응해나갈 수 있는 유연하고 탄력적인 사회를 건설하는 것이다.

폭염, 가뭄, 산불

지구 기온이 상승함에 따라 폭염도 증가한다. 강우 패턴은 불규칙해지고 대부분 집중호우 기간에 집중되면서 건조한 시

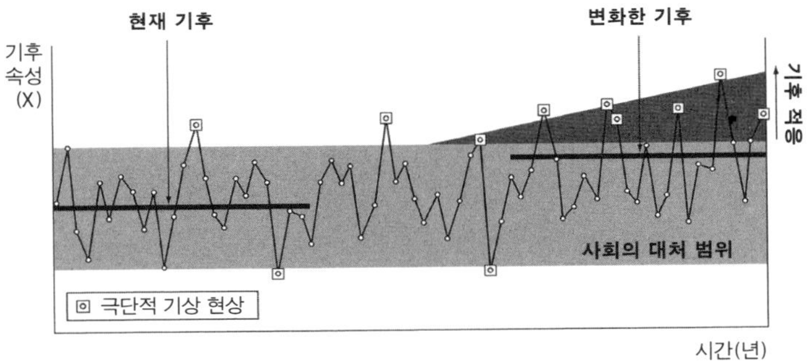

24. 기후변화, 사회의 대처 범위, 극단적 기상 현상.

기가 길어지고 가뭄이 증가한다. 극심한 더위와 가뭄이 겹치면 더 많은 산불이 발생한다.

폭염은 종종 '침묵의 살인자'라고 불린다. 이는 노인들에게 치명적인 영향을 미친다. 노인들은 수면중 체온조절 능력이 떨어지므로 열기가 내리지 않는 밤은 치명적이다. 랜싯 카운트다운의 2020 보고서에는 1980년부터 전 세계 65세 이상 노인들을 대상으로 온열 관련 사망률을 추적한 자료가 실렸다. 이에 따르면 2010년부터 노년층의 온열 노출이 폭증했는데, 이는 폭염 증가와 노년 인구 증가가 합쳐진 결과다. 2019년에는 4억 7500만 건의 폭염 노출 사건이 발생해 노년 인구의 폭염 노출 일수가 29억 일 이상을 기록했다.

하지만 폭염과 가뭄은 상대적인 개념이다. 이것은 발생 지역과 그 지역의 적응 정도에 따라 다른 결과로 이어지기 때문이다. 2003년 유럽의 폭염으로 7만여 명이 사망한 것으로 집계된다. 최대 피해국은 프랑스로, 8월 첫째 주부터 셋째 주까지 사망자가 1만 4800명에 달했고 파리의 사망자는 140퍼센트 증가했다. 2003년의 폭염 이후, 이렇게까지 많은 사망자가 발생한 이유는 공중보건의 아주 미흡한 대응임이 밝혀졌다. 많은 국가들은 정책을 전면 개편해 더 나은 폭염 예측, 응급대응, 병원과 은퇴자 전용시설의 설계 및 냉방 개선, 보건 전문교육 확대, 언론의 책임감 있는 보도와 건강 조언, 취약계층에 대한 주기적인 방문을 법제화했다. 이처럼 유럽 전역에 도입된 신규 정책들은 2018년을 비롯해 이후에 발생한 여러 차례의 폭염 동안 대규모 사망자가 발생하는 것을 막았다. 기후변화의 영향을 이해하는 것이 너무 어려운 이유 중 하나는 사회와 인류가 새로운 조건에 아주 발빠르게 적응할 수 있기 때문이다. 〔도판25〕는 지난 100년간의 여름 기온 및 향후 100년간의 여름 기온 예측치와 2003년 폭염을 비교한 것이다. 분명한 건 2003년 폭염 당시의 기온이 2050년에는 여름 평균기온이 될 것이며, 이 기준선을 웃도는 폭염도 발생할 수 있다는 것이다. 하지만 폭염에 대한 적응에는 계획, 자원, 자금 등이 요구되므로 대다수 유럽 국가에서는 폭염 대응이 가능할지 몰라도 가난과 실정에 시달리는 다른 많은 국가는 대응 마련에 어려움을 겪을 수 있다.

가뭄도 빼놓을 수 없는 주요 사망 원인이다. 가뭄은 지표수가 됐든 지하수가 됐든 물 공급이 장기적으로 원활하지 않은 지역에서 발생한다. 가뭄은 몇 달 혹은 몇 년씩 이어질 수 있고, 보통 어떤 지역에 지속적으로 평균 강우량보다 적은 비가 내릴 때 발생한다. 이것은 작물 생장과 수확 저해, 가축 사망 등 현지 생태계와 농업에 막대한 영향을 미칠 수 있다. 몇 년씩 계속되는 가뭄도 있지만, 짧고 굵은 가뭄도 현지 경제에 상당한 피해를 줄 수 있다. 장기 가뭄은 기아, 대규모 이주, 인도

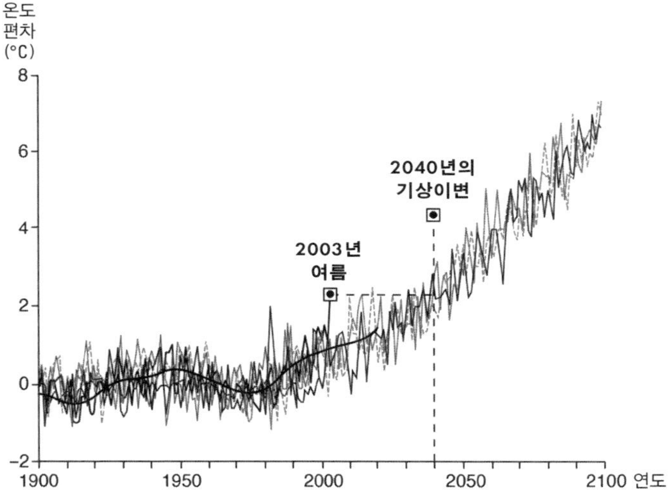

25. 2003년 폭염과 과거·미래 여름 기온의 비교.

주의적 위기를 낳는다. 질병 관점에서 가뭄은 홍수보다 훨씬 위험한데, 깨끗한 식수 부족과 정체된 물웅덩이가 질병을 확산시키기 때문이다. 2019년에는 1986~2005년까지의 평균과 비교해 거의 세 배에 달하는 면적이 장기 가뭄의 영향권에 놓였다. 기후변화와 관련된 주된 우려 중 하나는, 가뭄 취약 지역에서 더 잦은 가뭄이 발생하고 가뭄이 한 번도 없었던 지역에서 가뭄이 나타나기 시작하리라는 것이다.

2001~2004년 기간과 비교해 2016~2019년 기간에 196개국 중 114개국에서 산불 위험이 증가했다. 이 기간 동안 산불에 노출된 인구는 전 세계적으로 하루당 거의 7만 2000명으로 늘어났다. 특히 호주, 남반구의 아프리카 대륙, 브라질, 미국에서의 증가가 상당했다. 미국에서는 2017년, 2018년, 2020년에 기록적인 산불이 발생했다.

호주의 2019~2020년 산불철은 '검은 여름'으로 불린다. 여름 내내 기록적인 폭염과 장기 가뭄으로 호주 대륙의 남동부에서 수백 건의 화재가 집중적으로 발생했다. 이 화재로 19만 제곱킬로미터의 땅이 불타고, 1만여 채의 건물이 소실되었으며, 최소 450명의 사람과 10억 마리의 동물이 사망했다. 일부 멸종위기종은 끝내 멸종을 맞았을지도 모른다. 폭염과 가뭄 발생이 증가함에 따라 산불 위험은 전 세계적으로 계속 늘어날 것이다.

폭풍과 홍수

폭풍과 홍수는 주요 자연재해다. 지난 20년간 폭풍과 홍수는 전 세계 보험 손실의 4분의 3을 차지했고, 자연재해 관련 사망과 경제손실의 절반을 차지했다. 따라서 미래에 어떤 일이 일어날 것인지 아는 것은 매우 중요하다. 온대지방, 특히 북반구 온대지방에서 지난 50년간 이전보다 많은 폭풍이 몰아쳤다는 증거가 존재한다. 홍수는 2005년부터 증가 추세이며, 1986~2005년 기간과 비교해 2019년에 전 세계적으로 거의 세 배 더 넓은 면적(전 세계 육지 면적의 0.55~1.5퍼센트)이 침수되었다. 이러한 홍수 면적 증가는 특정 지역이 집중적으로 피해를 입어서가 아니라 세계 전역이 광범위하게 피해를 입은 탓이다. 기후모델에 따르면 폭우 형태의 강우 비율이 증가해왔고 앞으로도 계속 증가할 것이며 연간 편차도 심해질 것이다. 이로 인해 홍수의 빈도와 강도도 증가할 것이다.

세계 인구의 40퍼센트는 생명의 비를 몰고 오는 몬순지대에 살고 있다. 몬순은 육지와 해양의 온도차로 인해 발생하는 바람이다. 여름이면 북반구의 육지 온도가 인접한 바다 온도보다 높기 때문에, 습기를 잔뜩 머금은 바람이 인도양에서 아시아 대륙 방향으로, 대서양에서 서아프리카 방향으로 분다. 겨울이면 육지 온도가 인접한 바다 온도보다 낮기 때문에, 육지에서 바다 쪽으로 바람이 분다. 기후모델에 따르면 향후

100년간 지구온난화로 인해 여름철 몬순이 더 강력해질 것으로 예상된다. 이러한 현상에는 세 가지 이유가 있다. (1) 지구온난화로 인해 여름철 육지 온도는 바다 온도보다 훨씬 더 뜨거워질 것인데, 이것이 바로 몬순 시스템의 주요 동력원이다. (2) 기온 상승으로 인해 예상되는 티베트의 만년설 감소는 육지와 해양의 온도차를 확대하고 여름철 아시아 지역 몬순의 위력을 증가시킬 것이다. (3) 기온이 상승하면 공기는 더 많은 수증기를 머금을 수 있고 이에 따라 몬순풍은 더 많은 수분을 운반하게 된다. 여름철 아시아 지역 몬순의 경우, 이는 평균 강우량 10~20퍼센트 증가, 25~100퍼센트의 연간 강우 편차, 급격한 폭우 일수 증가를 의미한다. 기후모델을 봤을 때 가장 우려되는 부분은 연간 강우 편차가 두 배까지 확대될 수 있다는 것이며, 이에 따라 농부들에게 아주 중요한 정보인 연간 강우량의 예측이 매우 어려워질 수 있다.

기후변화 연구의 가장 논쟁적인 분야 중 하나는 태풍이나 허리케인으로 더 잘 알려진 열대성사이클론의 미래에 대한 연구와 예측이다. 북대서양, 인도양 남부, 태평양에서 지난 40년간 허리케인의 빈도와 강도가 증가했다는 분명한 증거가 있다. 이는 허리케인의 빈도와 강도가 해수면 온도와 직접적인 연관이 있기 때문이다. 허리케인은 해수면 온도가 26도 이상일 때만 형성될 수 있으므로, 더 따뜻한 지역에서 허리케인

이 더 자주 발생하는 것이 논리적으로 당연해 보인다. 하지만 허리케인이 형성될 수 있는 기회에 비해 실제 허리케인이 형성되는 일은 훨씬 드물다. 열대 해양에서 발생하는 저기압 중에 본격적인 허리케인으로 발전하는 것은 10퍼센트에 불과하다. 열대성 폭풍의 기원을 이해하려면 공기에 회전력을 부여하는 윈드시어(wind shear, 갑작스럽게 바람의 방향이나 세기가 바뀌는 현상) 등 다른 요소도 고려해야 한다. 발생률이 높은 해에는 최대 50개가량의 열대성 폭풍이 허리케인으로 발전한다. 허리케인 피해 규모를 예측하는 것은 쉽지 않은데, 중요한 건 허리케인의 발생 횟수가 아니라 상륙 여부와 상륙 이후의 강도 및 지속 시간이기 때문이다.

선진국을 강타한 허리케인이 대체로 큰 경제적 손실을 안기는 반면, 개발도상국을 강타한 허리케인은 많은 인명 피해를 남긴다. 예를 들어 2015년 뉴올리언스에 상륙한 허리케인 카트리나는 1800명 이상의 사망자와 1500억 달러 이상의 재산 피해를 발생시켰다. 반면 1998년 중앙아메리카를 강타한 허리케인 미치는 최소 1만 1000명의 사망자, 150만 명 이상의 수재민, 60억 달러 이상의 재산 피해를 낳았다. 2013년 가장 강력한 열대성 폭풍으로 기록된 태풍 하이옌은 필리핀을 비롯한 동남아시아의 여러 지역을 초토화함으로써 수재민 1100명, 사망자 6300명, 추가 실종자 1000명을 발생시켰으나 확인된 재산 피해는 22억 달러에 불과했다.

세계 기후의 가장 중요하고 불가사의한 요소 중 하나는 태평양 해류와 바람의 방향과 강도가 주기적으로 바뀐다는 사실이다. 이 현상은 주로 크리스마스 무렵에 발생하여 원래는 엘니뇨(El Niño, 스페인어로 '아기 예수'를 의미한다)라고 불렸고, 현재는 엘니뇨 남방진동(El Niño-Southern Oscillation, ENSO)의 일부로 알려져 있으며 일반적으로 3~7년 주기로 발생한다. 이 현상은 짧게는 몇 달, 길게는 1년 이상 지속될 수 있다. 엘니뇨 남방진동은 '정상적인' 기온과 라니냐(La Niña, 엘니뇨와 정반대인 이상 저온 현상), 엘니뇨라는 세 가지 기온 사이의 변화를 의미한다. 엘니뇨현상은 몬순, 폭풍 패턴, 전 세계 가뭄 발생의 변화와 연관이 있다. 1997년에서 1998년 사이의 엘니뇨는 역사상 가장 강력했으며 미국 남부, 동아프리카, 북인도, 브라질 북동부, 호주의 가뭄을 유발했다. 인도네시아에서는 아주 건조한 상태에서 걷잡을 수 없는 산불이 번졌다. 캘리포니아, 남아메리카의 일부 지역, 스리랑카, 동아프리카와 중앙아프리카에는 집중호우와 끔찍한 홍수가 발생했다.

또한 엘니뇨 남방진동의 상태는 대서양의 허리케인 발생과도 관련이 있다. 엘니뇨 남방 진동이 기후변화의 영향을 받는지에 관한 논의도 상당히 활발하다. 엘니뇨현상은 일반적으로 2~6년 주기로 발생하지만, 지난 40년간 식별 가능한 패턴 없이 지속되었다. 서태평양 산호초를 통해 과거의 기후를 재구성한 자료를 살펴보면, 우리의 기록 기간을 훌쩍 뛰어넘어 지난 150년간의 해수면 온도 변화를 알 수 있다. 이 해수면 온도 자료는 엘니뇨 남방진동의 변화에 동반되는 해류의 변화를 보여주며, 이를 통해 엘니뇨 사건의 빈도와 강도에 두 가지 큰 변화가 있었음이 밝혀졌다. 첫번째는 20세기 초에 엘니뇨의 주기가 10~15년에서 3~7년으로 바뀌었다는 것이다. 두 번째는 1976년을 기점으로 엘니뇨가 더욱 강해지고 그 주기는 2~4년으로 짧아졌다는 것이다. 기후모델들이 전부 동의하는 바는, 엘니뇨가 앞으로도 계속될 것이며, 이번 세기 후반기 동안 온실가스 배출이 증가할 경우 엘니뇨 남방진동의 변동성이 심해져서 더 잦은 홍수와 가뭄, 더 예측하기 힘든 빈도와 강도의 열대성 폭풍이 발생하리라는 것이다.

해안

앞서 설명한 대로 IPCC는 2100년이면 해수면 높이가 산업화 이전 대비 50~130센티미터 상승할 수 있다고 보고했다. 이 예측은 해안 지역 거주자들의 주요 관심사로, 해수면상승은 폭풍과 홍수에 대한 해안 방어막의 효력을 떨어뜨리고 해안 절벽과 해변의 불안정성을 높이기 때문이다. 선진국에서는 이러한 위험에 대응하기 위해 해안 자산 주변으로 방조제를 더 높이 쌓고, 생산성이 떨어지는 농지는 바닷물이 들어오도록 내버려두고(보호 비용을 들일 만한 가치가 없으므로), 바닷물을 막는 최고의 자연 방어막인 해안 습지에 대한 법적 보호를 강화해왔다. 전 세계적으로 작은 섬들과 삼각주에 위치한 나라들은 훨씬 더 절박한 위기에 처해 있다〔도판26〕.

인도양의 몰디브와 태평양의 마셜제도 같은 작은 섬나라들의 경우, 해수면이 1미터만 상승해도 육지의 75퍼센트가 침수되어 사람이 살 수 없는 곳이 된다.

흥미롭게도, 관광산업에 의존하는 이 국가들은 인구 1인당 화석연료 배출량이 가장 낮은 편에 속한다. 위험에 처한 또다른 주요 인구 집단은 삼각주에 거주하는 사람들로, 예를 들자면 방글라데시, 이집트, 나이지리아, 태국의 국민들이다. 세계은행(World Bank) 보고서는 댐 건설이나 담수 추출 등 삼각주에서의 인간 활동이 해수면상승보다 훨씬 빠른 속도로 이 지역을 가라앉게 하고 있으며, 이에 따라 폭풍과 홍수에 대한 취약성도 커진다고 결론을 내렸다.

방글라데시는 국토의 4분의 3 이상이 갠지스강, 브라마푸트라강, 메그나강이 합류하는 삼각주에 위치한다. 국토의 절반 이상이 해발 5미터 미만이므로 홍수가 일상이다. 여름철 몬순 기간에는 국토의 4분의 1이 침수된다. 하지만 이 홍수는 나일강의 홍수와 마찬가지로, 파괴와 더불어 생명을 가져온다. 농지에는 물이 공급되고 퇴적물은 비료 역할을 한다. 비옥한 벵갈 삼각주는 세계 최고 수준의 밀집도를 자랑하는 인구를 먹여 살리는데, 14만 제곱킬로미터에 무려 1억 1000만 명 이상이 거주하고 있다. 벵갈 삼각주에는 매년 10억 톤 이상의 침전물과 1000세제곱킬로미터 이상의 담수가 유입되어야 한다. 이 침전물은 자연현상과 인간 활동으로 인한 삼각주의 침식을 상쇄하는 역할을 한다. 하지만 갠지스강, 브라마푸트라강, 메그나강에 관개 및 전력 발전을 위한 댐이 건설되면서 침전물이 강 하류로 이동할 수 없게 되었고 침전물 유입 감소로 인해 벵갈 삼각주는 가라앉고 있다. 이를 더 악화시키는 것은 급격한 담수 추출이다.

1980년대부터 10만 개의 관우물(tube well)과 2만 개의 깊은우물(deep well)을 파면서 담수 추출이 여섯 배 증가했다. 이 우물들은 주민들의 삶의 질을 높이는 데 필수적이지만, 이로 인해 이 지역의 침하율은 세계에서 가장 높은 수준인 연간 2.5센티미터에 달한다. 세계은행은 침하율과 온난화발 해수면상승 예측치를 통해 방글라데시의 상대적인 해수면 높이가 21세기 말이면 최대 1.8미터 상승할 수 있다고 발표했다. 최악의 경우, 국민 13퍼센트가 거주중이고 현재 GDP의 12퍼센트를 책임지는 국토의 16퍼센트가 사라질 수 있다고 전망한

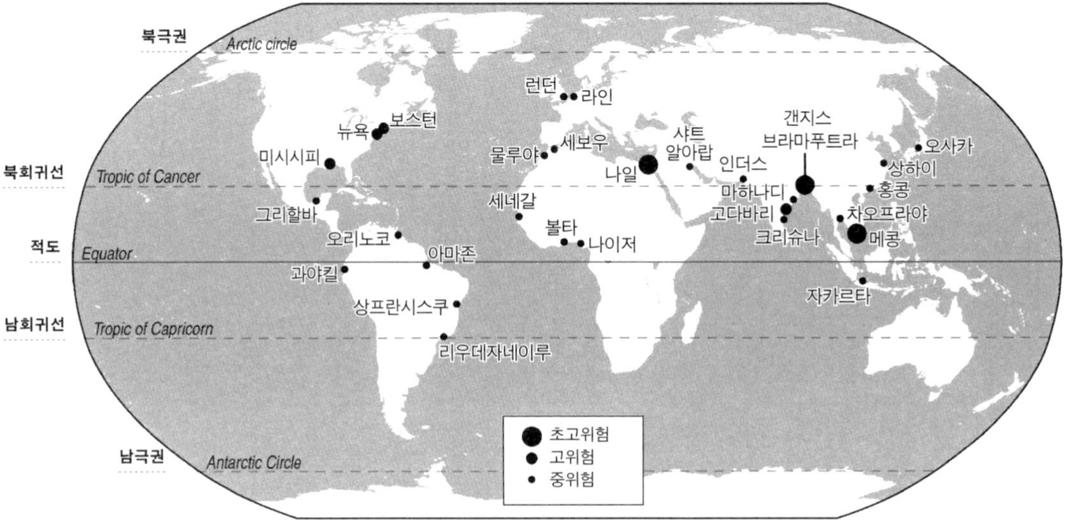

26. 해수면상승에 취약한 지역.

다. 안타깝게도 이 시나리오는 맹그로브숲의 파괴와 그로 인한 어장의 피해는 계산에 넣지도 않은 것이다. 게다가 바닷물의 육지 유입이 증가하면 수질과 농업은 더 큰 피해를 입을 수 있다.

세계의 주요 도시들은 해상무역의 용이성 때문에 강이나 해안 근처에 건설되어 홍수에 취약하다. 가장 위태로운 도시들은 다음과 같다. 아시아의 다카(현재 인구 2030만 명), 상하이(1750만 명), 광저우(1300만 명), 선전(1250만 명), 자카르타(1080만 명), 방콕(1050만 명), 홍콩(840만 명), 호찌민(830만 명), 오사카(520만 명). 북미의 뉴욕(1880만 명), 보스턴(490만 명), 마이애미(270만 명), 뉴올리언스(40만 명). 남미의 과야킬(290만 명), 리우데자네이루(180만 명). 아프리카의 아비장(370만 명), 알렉산드리아(300만 명). 유럽의 런던(890만 명), 헤이그(250만 명).

런던의 경우를 생각해보자. 현재 런던은 템스 장벽(Thames Barrier)을 통해 홍수로부터 보호받고 있다. 템스 장벽은 1953년의 끔찍한 홍수에 대한 대응으로 착공되었는데, 마침내 완공된 것은 1982년이었다(공식 수문 개방일은 1984년 5월 8일). 템스 장벽은 150제곱킬로미터 면적의 땅과 최소 1조 5000억 파운드 가치를 지닌 재산을 보호한다. 런던 정부에 자문을 제공한 과학 전문가들의 선견지명 덕분에, 런던 장벽은

2000년에 한 번 발생할 만한 홍수도 견딜 수 있도록 설계되었다. 하지만 기후변화로 인한 해수면상승이 진행됨에 따라 2030년이면 이 보호 역량은 1000년에 한 번 발생할 만한 홍수를 견디는 정도로 떨어질 것이다. 템스 장벽은 2020년까지 38년의 역사 동안 총 193차례 수문을 닫았는데, 이중 40퍼센트 이상이 최근 10년 사이에 일어난 일이다. 영국은 세계 6위의 경제를 자랑하며 런던의 연간 경제 생산은 약 1조 4000억 파운드에 달한다. 런던은 뉴욕, 도쿄와 더불어 24시간 주식 거래가 이루어지는 국제금융의 중심이다. 대형 홍수로 런던이 마비된다면 영국 경제뿐 아니라 전 세계 무역이 휘청거릴 수 있다. 따라서 영국 환경청은 4미터의 해수면상승도 막을 수 있는 새로운 홍수 장벽을 에식스와 켄트 사이에 건설하는 등, 향후 엄청난 해수면상승의 피해를 막기 위한 계획을 마련했다. 하지만 전 세계의 다른 많은 도시들은 이 정도 규모의 보호책을 계획할 만한 여력이 없다.

2020년 랜싯 카운트다운 보고서는 해수면상승을 막으려는 개입이 없을 경우, 그 여파로 향후 1억 4500만~5억 6500만 명이 피해를 입고 살던 땅을 떠나게 될 것으로 전망한다.

농업

기후변화가 우려되는 이유 중 하나는 세계 각 지역의 농업에 미칠 영향 때문이다. 중요한 것은 기후변화가 진행되고 인구가 20억이 늘어나는 2050년에 세계가 식량을 자급할 수 있는가다. 〔도판27〕을 보면 곡물 생산량이 이미 감소하고 있다는 것을 알 수 있다. 기후모델에 따르면 고위도지방은 작물의 생장기간이 늘어나고 서리로 인한 피해가 감소하여 농업생산성이 향상될 수 있다. 하지만 생산성 증가분은 기상이변으로 인한 잦은 농작물 피해로 상쇄될 것이다. 열대와 아열대 지방은 훨씬 뜨거워진 기온과 예측하기 힘든 강우 탓에 농업생산성이 급감할 것이다.

기온과 습도 상승은 자급 농업에 크게 의존하던 많은 사회에 도전과제가 될 것이다. 고온다습한 날씨에서는 야외 노동이 여의치 않고 온열질환이 발생할 가능성이 크기 때문이다. 이것은 건설노동자와 농업 종사자 등 지속적으로 야외에서 근무하는 사람들의 건강에 영향을 끼칠 것이다. 전 세계적으로, 기상이변으로 발생한 잠재적 노동시간 손실이 2019년 2780억 시간에 달하며 이는 2000년보다 920억 시간 늘어난 것이다. 2019년 발생한 노동시간 손실 중 약 60퍼센트는 7개국(캄보디아, 인도, 중국, 인도네시아, 나이지리아, 브라질, 미국)에 집중되어 있으며 그중 인도의 손실분이 단연 압도적이다. 미

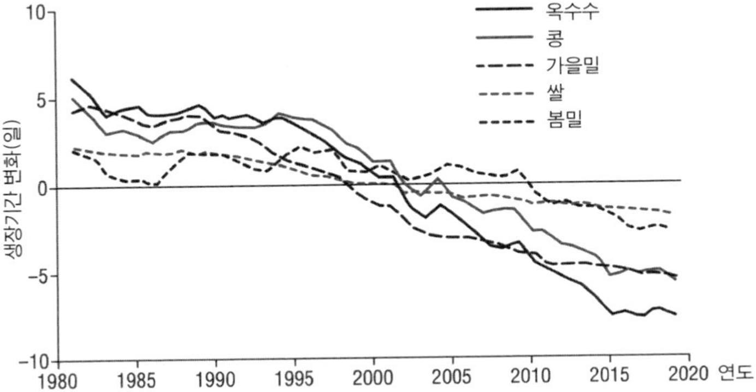

27. 1980년과 2020년 사이의 곡물 수확량 변화.

국을 제외한 6개국에서 노동시간 손실의 영향을 받은 것은 주로 농업 종사자들이었다.

기후변화가 농업에 미치는 전반적인 영향을 추정하는 일은 쉽지 않다. 농업생산은 전 세계 인구의 식량 자족 문제이기보다는 무역과 경제의 문제이기 때문이다. 그런 이유로 유럽연합은 식량비축분을 쌓아두고 있지만, 많은 저개발 국가들은 환금작물(換金作物, 설탕, 코코아, 커피, 차, 고무 등)을 수출하면서도 자국민에게 충분한 식량을 공급하지 못한다. 대표적인 사례는 서아프리카의 베냉이다. 베냉에서 목화를 재배하는 농부는 미국 텍사스의 목화 농부보다 헥타르당 4~8배 많은 상품을 수확할 수 있다. 하지만 미국이 자국 농부들에게 지급하는 보조금 때문에 미국산 목화가 베냉산 목화보다 더 저렴하게 거래된다. 현재 미국 목화 농부들은 40억 달러 이상의 보조금을 받는데, 이는 베냉 GDP의 거의 두 배다. 2002년 브라질은 불공정한 보조금과 무역 왜곡을 근거로 미국을 세계무역기구(WTO)에 제소했다. 브라질은 2005년 승소했지만 15년이 흐른 현재까지도 미국은 농업보조금 정책을 어떻게 개편할 것인지 논의중이다. 따라서 기후변화로 인해 텍사스의 목화 수확량이 지금보다 더 감소하더라도 그것이 이미 불법적으로 운영되고 있는 기울어진 시장을 바꾸지는 못한다.

기후변화가 농업에 영향을 미치는 정도는 선진국과 개발도상국이 다르며, 시장은 이 차이를 더욱 벌려놓을 수 있다. 수요와 공급의 변동은, 농산물 수출업자들이 공급량이 부족하더라도 가격 면에서 이득을 볼 수 있음을 의미한다. 상품이 부족해지면 가격이 상승하기 때문이다. 완전히 알려지지 않은 또다른 요인은 한 나라의 농업이 기후변화에 얼마나 적응할 수 있느냐다. 예를 들어 기후변화 모델에서는, 잠재적인 적응력이 상대적으로 떨어지는 개발도상국이 선진국보다 더 급격한 생산량 하락을 맞을 것으로 가정한다. 하지만 이는 전례가 없는 하나의 가정일 뿐이며, 농업은 다음 세기에 걸쳐 영향을 받을 것이므로 많은 개발도상국이 선진국의 적응력을 따라잡을지도 모른다.

기후변화가 유발할 수 있는 실질적인 지역 문제의 사례로 우간다의 커피 생산을 들 수 있다. 우간다는 기온이 2도 상승할 경우, 커피나무 재배에 적합한 농지 면적이 현재의 10분의 1로 급감할 수 있다. 오직 고지대만이 커피 재배에 적합한 땅으로 남고 나머지 지역은 너무 뜨거워질 것이다. 하지만 그렇게 쪼그라든 커피 재배지가 돈을 더 많이 벌어줄지, 더 적게 벌어줄지 확실히 아는 사람은 없다. 전 세계의 다른 커피 재배지가 비슷한 영향을 받을 경우, 희소성으로 인해 원두 가격이 폭등할 수 있기 때문이다. 이것은 한두 개의 농작물에 지나치게 의존하는 여러 개발도상국이 지구온난화의 여파에 속수무

책으로 노출되는 것을 보여준다. 지구온난화가 작물의 생산량과 그 가격에 미칠 변화를 예측하는 건 아주 어렵기 때문이다. 따라서 지구온난화에 적응하려면 가장 위험에 처한 국가들의 경제·농업적 기반을 확장하는 것이 중요하다. 물론 말보다 실천이 훨씬 어려운 일이며, 미국, 유럽, 중국의 농업보조금과 오늘날의 일방적인 세계 무역협정이 세계의 농업생산과 각국의 자급자족 능력에 기후변화보다 더 큰 영향을 미친다는 것은 분명하다. 세계무역기구의 협상이 실패하면 해결책은 더욱 요원할 것으로 보인다.

해양 산성화

해양의 화학 성분을 직접 측정하면 바닷물의 pH가 낮아지고 있다는 것을 알 수 있다. 다시 말해 바닷물은 산성화되고 있다〔도판28〕. 이는 대기 중 이산화탄소가 바다 표면에 용해되기 때문이다. 이 과정은 두 가지 요인, 즉 대기 중 이산화탄소의 양과 바다의 온도에 의해 제어된다. 바다는 이미 인간이 배출한 이산화탄소의 3분의 1가량을 흡수해왔고 따라서 바닷물의 pH는 지속적으로 하락해왔다. 향후 대기 중 이산화탄소의 양이 늘어나면 바닷물에 용해된 이산화탄소의 양도 계속 늘어날 것이다. 산호, 유공충, 코콜리스, 조개류 같은 일부 해

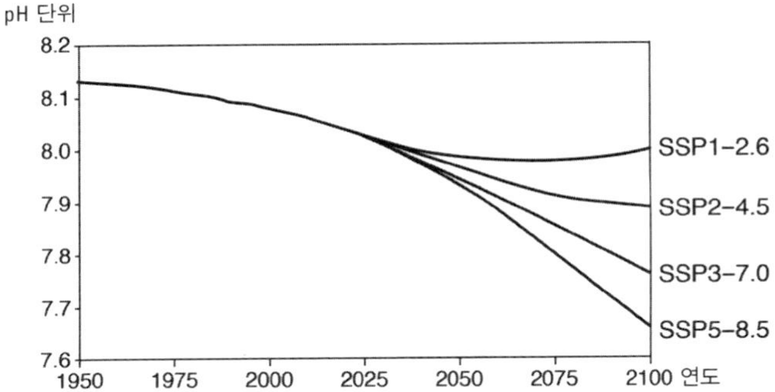
pH 단위
8.2
8.1
8.0
7.9
7.8
7.7
7.6
1950
1975
2000
2025
2050
2075
2100 연도
SSP1-2.6
SSP2-4.5
SSP3-7.0
SSP5-8.5

28. 해양 산성화.

양생물의 껍질은 탄산칼슘으로 이루어져 산에 부식된다. 실험실과 현장의 실험을 통해 비록 종마다 그 영향이 다르게 나타나긴 하지만 산성도가 높은 물에서 대체로 해양생물의 껍질이 기형적으로 발달하고 성장률이 떨어진다는 것이 밝혀졌다. 또한 산성화는 해양 영양소 및 기타 원소와 화합물의 순환을 변화시키고 여러 종들 간의 경쟁우위를 역전시키며 해양 생태계와 먹이사슬에 영향을 미칠 가능성이 있다. 가장 우려되는 것은 어업이 여전히 중요한 식량 산업이라는 점이다. 상업적 어업으로 잡히는 물고기는 연간 대략 9500만 톤이며 양식으로 생산되는 물고기는 약 5000만 톤에 달한다.

생물다양성

전 세계 생물다양성이 훼손되는 것은 산림벌채, 농업, 도시화, 광물 채굴 등 인간의 활동 때문이다. 현재 멸종률은 자연 발생률보다 100~1000배 더 높으며 기후변화는 이러한 멸종을 가속화할 것이다. IPCC 영향 보고서에 따르면 기후변화에 가장 취약한 종을 다음과 같다. 아프리카의 마운틴고릴라, 신열대구 운무림(雲霧林)의 양서류, 안데스산맥의 안경곰, 탄자니아의 조류, 중앙아메리카의 새인 '눈부신 케트살', 인도호랑이와 순다르반 습지에서만 발견되는 여러 생물종, 남아프리카에서만 발견되는 케이프 식물구계(Cape Floral Kingdom)의 강우에 민감한 식물들, 극지방의 북극곰과 펭귄. 이러한 종들이 멸종 위기에 처하는 것은 특수한 지리적 환경 또는 인간의 농업과 도시 개발로 인해 이들이 기후변화에 대응하여 다른 곳으로 이주할 수 없기 때문이다. 전자의 예로는 신열대구 운무림을 들 수 있다. 기후변화가 진행되면서 이 특정 기후대는 산비탈을 따라 점점 위쪽으로 올라가다가 결국 더는 올라갈 곳이 없어질 것이다.

위험에 처한 또다른 생태계는 바로 산호초다. 산호초는 어업, 오락, 관광, 해안 보호를 위한 귀한 경제적 자원이다. 산호초 손실로 인해 전 세계가 치르는 비용이 연간 수천억 달러에 달한다는 추정도 나온다. 게다가 산호는 세계에서 가장 거대한 해양 생물다양성의 보고 중 하나다. 지난 몇 년간 산호초의 상태는 전례 없이 악화되었다. 호주 그레이트배리어리프(Great Barrier Reef)의 경골산호 중 절반가량이 극단적인 수온 변화가 촉발한 백화현상으로 인해 지난 몇 년 사이 사라졌다. 그레이트배리어리프는 세계 최대 산호초군집으로, 2300킬로미터에 걸쳐 2900여 개 이상의 개별 산호초와 900여 개의 섬이 분포해 있다. 다른 지역에서는 산호의 70퍼센트가 한 계절만에 죽었다. 최근 몇 년간 산호 질병의 종류, 발생 빈도, 독성이 급격히 증가했으며, 특히 플로리다와 카리브해의 여러 지역에서 대규모의 산호초 폐사가 발생했다. 게다가 대기 중 이산화탄소 증가는 산호초를 형성하는 산호들의 석회화 비율을 떨어뜨려 산호의 골격 약화, 성장률 저하, 침식에 대한 취약성 증가로 이어질 수 있다. 기후모델 결과대로라면 이러한 현상은 현재 산호초 지대의 경계부에서 가장 심각할 것으로 예상된다.

좀 더 이론적으로 접근해보자. 생물학자 크리스 토머스(Chris Thomas)와 연구진은 향후 50년간 멕시코, 아마조니아, 호주 같은 핵심 지역의 멸종률이 증가할 가능성에 대한 연구를 〈네이처〉에 발표했다. 이 이론의 예측에 따르면 2050년까지 기온이 2도 상승할 경우, 그들이 연구한 모든 종의 4분의 1이 멸종할 수 있다. 이 연구는 사실일 수도 있고 아닐 수도 있는 가정들을 이론 모델에 포함시켰다는 이유로 비난받았다. 예를 들어 이 연구는 우리가 각 생물이 생존할 수 있는 기후 범위는 물론, 서식지 감소와 멸종률의 상관관계를 명확히 알고 있다고 가정했다. 따라서 이러한 결괏값은 정확한 수치가 아니라 멸종이 진행되는 방향으로 이해해야 한다. 다만 이 연구를 비롯한 여러 과학 연구는 각 지역과 전 세계의 생물다양성이 커다란 위험에 처해 있으며 생물계는 향후 온난화의 규모와 속도에 민감하게 반응하리라는 것을 잘 보여준다.

생물다양성을 보호하면 인류 사회에도 여러 가지로 이롭다.

2020년 전 세계는 코로나19 팬데믹으로 정체기를 맞았다. 코로나19가 이토록 복잡하고 심각하며 치명적인 호흡기질환인 이유는 이것이 동물원성(動物原性) 질병, 즉 하나의 동물에서 출발해 변이를 거쳐 인간을 감염시키는 바이러스이기 때문이다. 이 바이러스는 인간의 면역체계가 알지 못하는 유전적 특징을 가지고 있어 우리 몸은 충분히 신속하게 면역항체를 형성시키지 못한다. 이러한 바이러스의 이종(異種) 감염이 가능했던 것은 중국과 동남아의 비인도적인 야생동물 거래시장에서 박쥐와 천산갑(穿山甲) 같은 멸종위기종을 불법 거래한 탓이라는 데 점차 무게가 실린다. 동물원성 바이러스의 엄청난 위험성은 H5N1 바이러스가 촉발한 1996년 조류독감, 2002~2003년의 사스(SARS)를 통해 앞서 예고된 바 있다. 이 두 기간에 중국 야생동물 거래시장은 일시 폐쇄되었다가 이후 영업이 허용되었다. 따라서 동물원성 질병의 재발 방지를 위해서는 생물다양성 및 야생동물에 대한 보호 및 존중이 반드시 필요하다. 중국을 비롯한 기타 국가의 정부들은 문화적 변화를 촉진하고 점진적인 규제를 도입함으로써 야생동물을 보호하고 결과적으로 인간을 보호해야 한다.

인간의 건강

기후변화가 잠재적으로 건강에 미치는 영향은 지대하며 이를 관리하는 것은 아주 힘든 과제다. 기후변화는 폭염, 가뭄, 산불, 폭풍, 홍수로 인한 사망자를 증가시킬 것이다. 올라간 기온과 변덕스러운 강우는 식량 생산을 위협한다. 건설노동자와 농업 종사자 등 야외 근로자들이 위험해지면서 생산성이 감소하기 때문이다. 추운 날씨 탓에 사망하는 노인들이 많으므로 겨울이 따뜻해지면 이와 관련한 사망이 감소하여 일부 국가는 전반적인 사망률이 줄어들 수 있다는 의견도 있다. 하지만 이러한 견해는 잘못된 것으로 드러났다. 최근 연구에 따르면 영국은 주거환경과 의료 서비스의 개선, 소득 수준의 증가, 한파에 대한 인식 제고 등을 통해 1950년대 이후 겨울철 사망이 감소했으며, 미국은 지난 30년간 폭염 관련 사망이 한파로 인한 사망보다 네 배 더 많았다. 이미 추위에 적응하고 취약계층에 대한 보호 개선이 이루어진 사회라면 따뜻해진 겨울과 사망률은 별 영향 관계가 없을 것이다.

2009년 유니버시티칼리지 런던이 발표한 랜싯 보고서 '기후변화의 건강 영향 관리'는 수십억 명의 건강에 영향을 미칠 수 있는 두 가지 요소로 물과 음식을 꼽았다. 인류 건강에 가장 커다란 위협이 되는 것은 깨끗한 식수를 얻지 못하는 것이다. 현재 정기적으로 깨끗하고 안전한 식수를 얻지 못하는 인구가 10억 명이나 된다. 깨끗한 식수가 부족하면 탈수 같은 중대한 건강 문제가 발생하는 것은 물론, 오염된 식수를 통해 여러 질병과 기생충이 퍼진다. 세계 인구의 증가, 특히 도시 밀집 지역의 인구 증가는 수자원 공급에 큰 부담으로 작용한다. 기후변화의 영향—기온, 강우, 해수면 높이의 변화 등—은 깨끗한 물에 대한 세계 각국의 접근권에 여러 변화를 일으킬 것이다. 예컨대 유수의 변화는 강과 저수지의 수량에 영향을 주고 지하수원의 재충전에도 영향을 줄 것이다. 증발률 증가는 물 공급에 악영향을 미치고 관개 농지의 염류집적(鹽類集積)을 유발할 것이다. 해수면상승으로 인해 바닷물이 연안의 대수층을 침범할지도 모른다. 현재 세계 인구의 약 4분의 1인 20억 명이 물 부족 국가에 거주중이다. 기후변화를 완화하기 위해 어떠한 조치도 취하지 않을 경우, 2050년까지 지구 인구의 50퍼센트가 물 부족을 경험하게 되리라는 예측도 나온다. 이들 중 80퍼센트는 개발도상국 국민일 것이다.

기후변화는 가용 공급 대비 사용률이 높은 나라에 가장 큰 영향을 미칠 것으로 보인다. 물 공급이 충분한 국가는 홍수 증가로 인해 원하는 것보다 더 많은 물을 얻게 될 것이다. 앞서 말한 바와 같이 컴퓨터 모델 예측에 따르면 유럽의 경우 더 많은 양의 폭우가 쏟아져 심각한 홍수가 발생하고 역설적이게도 지금 당장 물 부족이 극심한 국가(담수화 의존 국가)는 비교적 영향을 덜 받을지도 모른다. 가장 큰 피해를 입게 될 국가는 그 중간에 있는 국가, 다시 말해 물 부족에 대처해본 역사적 경험이나 기반시설이 없는 나라들이다. 중앙아시아, 아프리카 북부와 남부에는 지금보다 비가 적게 내릴 것이고 기온 상승과 오염된 유수로 인해 수질은 더 악화될 것이다. 설상가상으로 강우의 연간 변동성이 증가하고 가뭄은 더욱 일상화될 것이다. 이렇게 위험에 크게 노출된 국가들은 물 공급원 보호와 홍수 위험 대비를 위해 지금 당장 계획을 세워야 한다. 인류의 건강에 실질적 위협을 가하는 것은 가뭄이나 홍수 그 자체가 아니라 가뭄과 홍수 대처를 위한 기반시설의 부족이기 때문이다.

식량안보를 지탱하는 세 가지 중요한 축은 다음과 같다. (1) 식량 가용성—충분히 생산되고 있는가? (2) 접근—사람들이 값을 치를 수 있는가? (3) 안정성—늘 구할 수 있는가? 유엔의 세계식량계획에 따르면 우리는 현재 100억 인구를 먹이기에 충분한 식량을 생산하고 있다. 이는 이번 세기에 예상되는 인구 증가를 너끈히 감당할 수 있는 수준이다. 하지만 오늘날 8억 2100만 명이 기아의 위험에 처해 있는데, 이는 불과 5년 전보다 2500만 명이 늘어난 수치다. 그 이유는 단순히 그들에게 식량을 살 돈이 없기 때문이다. 기후변화는 식량을 비롯한 농업상품 생산에 영향을 끼치므로, 식량 가용성과 안정성을 위협한다. 또한 기상이변도 고려해야 한다. 경제가 점점 더 세계화되면서 기초식품을 자급자족할 수 있는 국가는 극히 드물고 따라서 식량 수입이 매우 중요하다. 기초식품 가격은 세계의 수요, 국가별 농업보조금과 수출 제한, 자연재해로부터 영향을 받지만 가장 큰 영향력을 행사하는 것은 전 세계 시장의 투기적인 식량 거래이다. 식량 가격은 2008~2009년에 60퍼센트, 2011~2012년에 40퍼센트 상승했으며 이는 모두 식량 투기와 관련이 있었다. 많은 사람이 기초식품을 구하지 못해 영양실조와 기아를 겪는 것은 런던, 뉴욕, 도쿄 등의 세계시장의 식량 가격 투기와 직접적인 연관이 있을 것이다.

인류의 건강에 대한 또다른 위협은 기후요인으로부터 직접적인 영향을 받는 전염병의 확산이다. 기후변화는 특히 매개체 전염병(vector-borne disease, VBD)에 영향을 끼치는데, 이는 모기가 전파하는 말라리아처럼 다른 생물을 매개체로 퍼지는 질병이다. 감염원과 매개생물은 기온, 해수면 온도, 습도, 바람, 토양수분, 숲 분포의 변화 등의 요인에 민감하다. 따라서 기후변화와 날씨 패턴 변화는 매개체 전염병을 비롯한 여러 전염병의 발생 범위(고도와 위도), 강도, 계절성에 영향을 미칠 것으로 예측된다. 예컨대, 해수면이 상승하고 해수면 온도가 오른 것은 방글라데시에서 콜레라가 유행한 것과 강한 상관성이 있다. 앞으로 예측했던 대로 기후가 변하고 방글라데시의 상대적 해수면이 계속 상승하면 콜레라는 더욱 자주 유행할 수 있다.

기후변화로 인한 기온과 습도의 상승은 전염병의 전반적 확산을 가속화할 것이다. 하지만 여러 질병의 잠재적인 전염성이 기후변화로 인해 증가하는 가운데, 질병을 통제하는 우리의 능력도 변화하고 있음을 기억해야 한다. 백신을 새로이 개발하거나 개선할 수 있고 일부 매개종은 살충제의 사용으로 통제될 수 있다. 그렇지만 불확실성과 위험도 존재한다. 가령 장기적인 살충제 사용은 해충의 자연 천적까지 죽여 저항성 해충의 번식을 촉진한다.

가장 중요한 매개체 전염병은 말라리아로, 현재 전 세계에 5억 명이 넘는 감염자가 존재한다. 학질모기에 의해 전파되는 삼일열말라리아 원충은 말라리아를 유발하는 병원체다. 이 모기의 말라리아 전파 잠재력과 관련이 있는 기후요인은 기온과 강수량이다. 세계 기후변화가 말라리아 발병률에 미칠 잠재적 영향에 대한 분석에 따르면, 앞으로 말라리아 확산이 적합한 지역이 확장되어 위험이 광범위하게 증가할 것으로 예상된다. 이미 지난 5년간 말라리아 확산에 적합한 지역의 고도는 1950년대와 비교해 아프리카는 39퍼센트, 동아시아는 150퍼센트 더 높아졌다. 모기에게 적합한 온도대를 표시한 수학 모델은 2080년대까지 말라리아에 대한 인류의 잠재적 노출이 2~4퍼센트(2억 6000만~3억 2000만 명) 증가할 수 있음을 시사한다. 이러한 위험의 증가는 말라리아가 풍토병인 지역의 경계부와 말라리아 위험지역 중 고도가 높은 곳에서 가장 두드러진다. 말라리아 위험성의 변화는 현지 환경 조건, 사회경제 발전의 영향, 말라리아 통제 프로그램 및 통제 역량을 바탕으로 해석되어야 한다. 기후변화는 학질모기가 영국 남부, 유럽 대륙, 미국 북부에서 번식하도록 훌륭한 기틀을 마련해줄 것이다.

하지만 많은 열대질환의 발생이 개발과 연관이 있음을 유념해야 한다. 1940년대까지만 해도 말라리아는 핀란드, 폴란드, 러시아는 물론, 워싱턴주, 오리건주, 몬태나주, 노스다코타주, 뉴욕주, 펜실베이니아주, 뉴저지주 등 미국 내 36개 주의 풍토병이었다. 기후변화가 이러한 열대질환의 발병 범위를 증가시킬 가능성이 있긴 하지만, 유럽과 미국의 사례를 통해 말라리아 퇴치는 개발 및 자원과 강한 상관관계가 있음을 알 수 있다. 효율적인 질병 감시를 위한 개발 및 모기와 그 서식지를 근절하기 위한 자원 말이다.

지구 온도가 상승함에 따라 기후변화의 영향은 눈에 띄게 증가할 것이다. 기후변화는 폭염, 가뭄, 산불, 폭풍, 홍수의 발생 빈도와 강도에 영향을 미칠 것이다. 해안 도시와 마을은 해수면상승, 홍수와 폭풍해일에 특히 취약해질 것이다. 공중보건과 더불어 물과 식량 안보는 모든 국가가 직면한 가장 중요한 문제로 부상할 것이다. 기후변화는 세계 생물다양성 및 수십 억 인구의 안전을 위협한다. 〈표4〉는 기후변화의 잠재적 영향을 요약하고 있다. 많은 연구자들이 기온이 4도 상승한 세계에 어떻게 대응할 것인지 계획하고 있지만, 보다 간단한 조언을 하자면 그 수준까지 가는 일은 없어야 할 것이다.

산업화 이전 대비 기온 상승	기후변화의 잠재적 영향
1.5°C	· 바다 수온이 높은 지역의 산호초 생태계가 타격을 받는다. · 취약한 종과 생태계(극지방, 습지, 운무림)가 타격을 받는다. · 해안 및 강의 범람이 증가한다. · 기상이변이 증가한다. · 온열질환 및 사망이 증가한다.
2~3°C	· 몰디브, 마셜제도, 투발루 등의 작은 도서국가가 버려진다. · 바다 수온이 높은 지역의 산호초 생태계가 붕괴된다. · 북극 해빙의 상당한 손실을 비롯해 북극 지역이 크게 변한다. · 기상이변과 전염병 전파가 상당히 증가한다. · 특히 저위도 지역에서 온열질환 및 사망이 상당히 증가한다. · 취약한 생태계(극지방, 습지, 운무림, 맹그로브숲)가 타격을 받는다. · 전 세계적으로 해안 및 강의 범람이 상당히 증가한다. · 저위도 지역의 어업이 타격을 받는다. · 열대 및 아열대 지역의 농작물 수확 및 생산성이 감소한다.

3~4°C	· 생물 멸종이 상당히 증가하는 것을 비롯해 모든 생태계가 타격을 받는다. · 바다 수온이 높은 지역의 산호초 생태계가 전멸하고 수온이 낮은 여러 지역의 산호초가 파괴된다. · 북극 온도가 8도 상승하면서 여름이면 북극 얼음이 모두 녹는다. · 킬리만자로(탄자니아)의 만년설이 전부 녹는 등 대부분의 산악빙하가 사라진다. · 기상이변과 전염병이 상당히 증가한다. · 농업과 어업 생산량, 이용 가능한 수자원이 상당수 감소한다. · 식량과 물 안보가 정치·인도주의적 주요 사안으로 부상한다. · 환경으로 인한 대규모 이주가 증가한다. · 해양과 토양의 탄소 흡수원이 감소해 기후변화가 가속된다.
4~5°C	· 전 세계 생태계와 생물종이 재앙에 가까운 수준으로 사라진다. · 서남극과 그린란드 빙상의 해빙 가속으로 인해 지구 해수면이 상당히 상승한다. · 전 세계인의 20퍼센트가 홍수의 영향을 받고 주요 해안도시들이 버려진다. · 많은 국가에서 여름 기온이 꾸준히 40도 이상을 기록한다. · 50도 이상의 폭염이 일상화된다. · 35억 명 이상이 물 부족에 시달린다. · 산불이 대규모 대기오염을 발생시키고 인간의 건강을 악화시킨다. · 전 세계 식량 생산 급감으로 영양실조와 기아가 발생한다.
5~6°C 혹은 그 이상	· 여기까지 가지는 말자.

표4. 기후변화의 잠재적 영향

제 6 장

기후 이변

대기의 구성은 지난 300만 년과는 다르게 바뀌고 있다. 미지의 영역으로 향하고 있으므로 과학적 불확실성이 클 수밖에 없다. 우리는 과거 기록의 연구를 통해, 한계점(threshold)을 넘어설 경우 기후시스템이 급격하게 새로운 상태로 전환할 수 있음을 알고 있다. 예를 들어 빙하코어 기록을 보면, 마지막 빙하기 이후 그린란드에서 진행된 기온 상승의 절반 정도는 불과 수십 년 사이에 이루어진 것이다. 이번 장에서는 지구온난화가 진행되는 가운데, 기후시스템에 한계점이나 티핑포인트(tipping point)가 존재할 가능성을 살펴본다. 〔도판29〕는 과학자들이 지난 30년 동안 고민해온 주요 티핑포인트를 보여준다.

29. 기후시스템의 티핑포인트.

한계점과 티핑포인트

온실가스 같은 기후변화 인자와 기후 반응의 상관관계는 복잡하다. 이상적인 세계에서는 반응이 즉각 나타나겠지만 우리는 기후시스템에 관성이 존재하며 온실가스 배출량에 따라 10~20년의 시차를 두고 반응이 나타난다는 것을 알고 있다. 따라서 기후시스템이 기후변화에 반응하는 여러 방식을 네 가지 시나리오로 나눠 살펴볼 수 있을 것이다〔도판30〕.

(a) 선형적이지만 느린 반응〔도판30a〕. 이 경우, 기후시스템은 느리지만 직접적으로 온실가스의 증가에 반응하며, 그 반응의 규모는 추가적인 온실가스 강제력에 비례한다. 이는 평평한 도로에서 자동차를 미는 것과 유사하다. 처음에는 마찰력 때문에 전혀 밀리지 않다가 어느 순간 차가 움직이기 시작한다. 일단 차가 움직이면 그때부터는 가해지는 힘의 대부분이 차를 앞으로 미는 데 사용된다. 대표적인 사례로는 바다의 온도 상승을 들 수 있는데, 거대한 바다를 데우는 과정에 관성으로 인한 지연이 발생한다.

(b) 약화되거나 제한된 반응〔도판30b〕. 이 경우, 온실가스 강제력이 강력하더라도 기후시스템은 완충된 영향을 받게 되고 따라서 그 반응이 아주 미미하다. 이는 차를 언덕 위로 밀어 올리는 것과 유사하다. 차를 밀어 올리기 위해 안간힘을 써도 차는 그렇게 멀리 가지 못한다. 대표적인 사례로는 동남극의

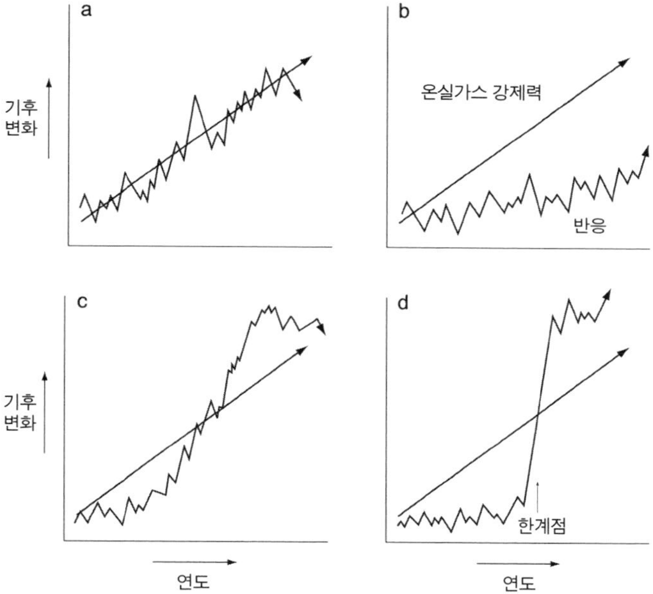

30. 온실가스 강제력과 기후시스템의 반응.

빙상을 들 수 있는데, 동남극 빙상은 기온이 오늘날보다 훨씬 높을 때에도 안정적이었다.

(c) 느리고 비선형적인 반응〔도판30c〕. 이 경우, 온실가스 강제력에 대한 기후시스템의 초기 반응은 느릴 수 있지만 어느 시점부터 비선형적인 반응이 나타난다. 이는 우리가 기후시스템의 양의 피드백을 과소평가했을 때 나타날 수 있는 기후변화 반응이다. 이 시나리오는 언덕 꼭대기 근처의 자동차와 유사하다. 차를 언덕 꼭대기까지 밀어 올리는 데는 어느 정도의 노력과 시간이 필요하다. 하지만 일단 꼭대기에 도착하면 약간의 힘만으로도 차를 밀어버릴 수 있고, 그러면 차는 추가적인 힘을 받든 안 받든 언덕 아래로 가속해 내려간다. 바닥에 도달한 차는 어느 정도는 계속 움직이다가(오버슈트) 저절로 속도가 줄어들어 새로운 상태에 정착한다.

(d) 한계점 반응〔도판30d〕. 이 경우 기후시스템은 초반에는 온실가스 강제력에 대한 반응을 거의 보이지 않는다. 하지만 한계점에 닿는 순간 아주 짧은 사이에 온갖 반응들이 단 한 번의 거대한 단계를 통해 발생한다. 이 반응은 온실가스 강제력 증가로 예상되는 것보다 훨씬 거대한 규모일 수 있으며 이를 '오버슈트 반응'이라고 한다. 이 시나리오는 영화 〈이탈리안 잡The Italian Job〉에 나오는 절벽에 매달린 버스에 비견될 수 있다. 아주 작은 변화로는 아무런 일도 벌어지지 않는다. 하지만

임계점(이 경우에는 무게)에 도달하면 버스는(그리고 버스 안에 든 금은) 절벽 아래 협곡으로 추락한다. 대표적인 사례로는 이제 막 녹기 시작한 그린란드 빙상을 들 수 있는데, 이러한 해빙(解氷)은 순식간에 가속화되어 파국에 가까운 붕괴로 이어질 수 있다.

한계점이 티핑포인트가 되는 상황도 있다. 한계점은 시스템 내에서 가역적인 변화가 발생하는 지점이라고 할 수 있다. 하지만 티핑포인트는 한번 넘으면 시스템이 이전으로 돌아갈 수 없는 새로운 상태로 진입하는 한계점을 의미한다. 기후변화가 단순한 한계점을 만들어내느냐, 티핑포인트를 만들어내느냐의 판단이 어려워지는 또다른 이유는 기후시스템의 여러 분기(分岐) 때문이다. 다시 말해, 기후시스템이 어떤 방향으로 한계점을 넘어서는 데 필요한 힘은 그 반대 방향으로 한계점을 넘어서는 데 필요한 힘과 다르다. 이는 일단 기후 한계점을 지나면 그것을 되돌리는 것은 훨씬 어렵고 어떤 경우에는 사실상 불가능하다는 것을 암시한다.

'티핑포인트'라는 용어는 기후변화 연구와 토론에서 자주 사용된다. 하지만 이 용어에는 두 가지 용례가 있으니 주의해서 사용해야 한다. 첫째, 기후 티핑포인트 중에는 기후시스템 내의 거대하고 불가역적인 변화가 있는데, 돌이킬 수 없는 빙상의 해빙 혹은 바다 밑에 저장되어 있던 메탄의 대량 방출을 예로 들 수 있다. 다른 용례는 사회적 티핑포인트와 관련한 것으로, 이는 기후변화가 한 지역이나 특정 국가에 주요한 영향을 끼치는 상황을 의미한다. 가령 동남아의 몬순지대가 북쪽으로 322킬로미터 정도 이동하는 것은 기후학적 관점에서 작은 변화일 뿐, 본질적인 의미의 기후 티핑포인트가 아니다. 하지만 갑자기 비가 내리지 않거나 난생처음 몬순 폭우를 경험하게 된 국가들 입장에서는 현지 날씨가 영구적으로 바뀌었으므로 이러한 변화가 중대한 기후 티핑포인트로 느껴질 수밖에 없다.

빙상 해빙

탄소 배출을 대폭 줄이지 않을 경우 IPCC가 예상하는 2100년까지의 해수면상승은 0.5~1.3미터 수준이다. 예상치가 불확실한 것은 이번 세기 말까지 그린란드와 남극의 빙상이 어느 정도까지 녹을지가 확실하지 않아서다. 현재 그린란드에서는 연간 2300억 톤의 얼음이 녹고 있으며 이는 1990년대 초와 비교해 일곱 배 늘어난 규모이다. 남극은 연간 1500억 톤의 얼음이 녹고 있는데 이는 1990년 초 대비 다섯 배 증가한 수치다. 대부분의 해빙은 남극 대륙의 북쪽 반도와 서남극의 아문센해 인근에서 발생한다. 그린란드와 남극은 가장 걱정스러운 기후 이변의 발생 가능 지역으로 점쳐진다. 전 세계의 거대한 빙상이 완전히 녹아버린다면 그에 따른 지구의 해수면상승은 다음과 같을 것이다. 그린란드빙상이 녹을 경우 약 7미터가 상승하며, 서남극 빙상이 녹을 경우 약 8.5미터가 상승, 동남극 빙상이 녹을 경우 약 65미터가 상승한다. 이에 반해 전 세계의 모든 산악빙하가 녹았을 때 예상되는 해수면상승은 0.3미터에 불과하다. 고기후 데이터에 따르면 거대한 동남극 빙상은 남극의 지각판 분리로 인해 3500만 년 전에 형성되었으며 지구 온도가 지금보다 훨씬 높은 시절에도 안정적인 상태를 유지했다. 따라서 기후학자들은 동남극 빙상이 이번 세기에 녹지 않고 안정적인 상태를 유지할 것이라고 확신한다.

하지만 그린란드 빙상이나 서남극 빙상은 해빙 속도가 향후 100년간 급격히 빨라질 수 있어 우려된다. 이 빙상들은 이미 녹기 시작했지만 얼음이 녹는 속도에는 물리적인 제약이 있다. 열기가 빙상을 뚫고 들어가는 데 시간이 걸리기 때문이다. 뜨거운 커피잔 안에 얼음 하나를 떨어뜨린다고 상상해보자. 얼음은 결국 완전히 녹게 되겠지만, 열기가 얼음 한가운데까지 침투하려면 시간이 걸린다. 빙상에서 떨어진 대부분의 얼음덩어리들은 얼음 강을 거쳐 바다로 흘러가는데, 이러한 얼음 강이 운반할 수 있는 얼음의 양에는 한계가 있다. 주요 빙하학자들이 내놓은 최악의 시나리오는 이러한 빙상들이 이번 세기 말까지 해수면 높이를 1~1.5미터까지 상승시킬 수 있다는 것이다. 그렇게 되면 전 세계 해안지역에 거주하는 수많은 사람들이 위협을 받는다. 또한 향후 100년 이후에 그린란드빙상과 남극 빙상에 무슨 일이 생길 것인지에 관한 과학적 논의도 진행중이다. 이번 세기에 대규모 해빙이 발생하지 않더라도 우리는 다음 세기에 진행될 불가역적인 해빙의 방아쇠를 이미 당긴 것일지도 모른다. 우리가 향후 몇십 년간 얼마나 많은 탄소를 배출하느냐가 이러한 빙상들의 장기적인 미래와 전 세계 해안지역 거주자들의 삶을 완전히 바꿔놓을 수도 있다.

심해 순환

해양의 순환은 세계 기후를 결정짓는 중요한 요인 중 하나다. 사실 심해는 그 엄청난 부피와 열용량, 관성 덕분에 내부의 장기적인 기후변화(수십만 년에 달하는 변화다)를 유발하고 유지할 수 있는 유일한 주체다. 북대서양에서 북동쪽으로 흐르는 멕시코만류는 고온·고염분의 상층수를 멕시코만에서 북유럽의 바다로 운반한다. 멕시코만류의 염도가 높은 이유는 멕시코만류가 카리브해에서 대량 증발되기 때문인데, 이때 상층수의 수분이 날아가면서 바닷물의 염분이 농축된다. 이 멕시코만류는 북쪽으로 이동하면서 온도가 낮아진다. 저온과 고염분이 더해지면 상층수의 밀도가 증가한다. 따라서 멕시코만류가 비교적 저염분인 아이슬란드 북쪽 바다에 도착할 무렵이면, 상층수의 온도가 충분히 낮아져 바다 깊숙한 곳으로 가라앉을 만큼 밀도가 높아진다. 이 고밀도의 해수가 가라앉으면서 발생하는 '잡아당기는 힘'은 따뜻한 멕시코만류의 이동에 힘을 실어준다. 이를 통해 따뜻한 적도 근방의 바닷물은 대서양 북동부를 향해 지속적으로 유입되고 유럽 대륙으로 따뜻한 공기를 실어 나른다. 멕시코만류가 영국의 모든 발전소가 생산하는 에너지 총합의 2만 7000배에 달하는 에너지를 운반한다는 계산도 있다. 멕시코만류가 유럽의 기후에 얼마나 긍정적인 영향을 끼치는지 알고 싶다면, 런던과 래브라도, 혹은 리스본과 뉴욕처럼 위도는 동일하지만 대서양 반대편에 위치한 도시들의 겨울 날씨가 얼마나 다른지 떠올려보면 된다. 아니면 해양과 대륙 간의 지리적 관계가 유사한 서유럽과 북미 서부 해안을 비교해보는 것이 더 정확할지도 모른다. 위도상 위치가 동일한 알래스카와 스코틀랜드의 날씨를 떠올려보자.

이처럼 새롭게 형성된 심층수는 수심 2000~3500미터까지 가라앉고 대서양의 남쪽으로 흐르는데, 이것을 북대서양심층수(North Atlantic Deep Water, NADW)라고 한다. 남대서양에서 북대서양심층수는 남극해에서 형성되었으며 남극저층수라 불리는 두번째 형태의 심층수와 만난다. 남극저층수는 북대서양심층수와는 다른 방식으로 만들어진다. 남극은 해빙으로 둘러싸여 있고 남극저층수는 해빙 위에 생긴 거대한 구멍인 빙호(氷湖)에서 형성된다. 몹시 차가운 남극 공기는 노출된 상층수를 아주 차갑게 냉각시킨다. 이때 더 많은 해빙이 형성되면서 얼음 밑의 염분이 농축되는데, 이로 인해 지구상에서 가장 차갑고 염도가 높은 해류가 만들어진다. 남극저층수는 남극을 돌아 북대서양으로 이동하며, 상대적으로 더 따뜻하고 가벼운 북대서양심층수 밑으로 파고든다〔도판31a〕. 남극저층수는 인도양과 태평양으로도 흘러간다.

북대서양심층수와 남극저층수 사이의 이러한 균형은 현재의 기후를 유지하는 데 매우 중요하다. 그것은 멕시코만류가 유럽으로 유입될 수 있게 하는 것은 물론, 북반구와 남반구의 열교환을 적정한 수준으로 유지하기 때문이다. 과학자들은 상층수가 아래로 가라앉지 못할 만큼 과도한 담수가 유입될 경우, 심층수의 순환이 약해지거나 '스위치가 꺼진' 상태로 변할 수 있음을 증명했다. 컴퓨터 모델과 과거 기후에 대한 연구가 이에 대한 증거를 뒷받침한다. 과학자들은 '저밀도화

(dedensification)'라는 용어를 만들었는데, 이것은 담수 유입이나 수온 상승으로 인한 고밀도의 해제를 의미한다. 담수 유입과 수온 상승은 모두 바닷물이 아래로 가라앉을 만큼 고밀도로 바뀌는 것을 방해한다. 앞서 살펴보았듯 지구온난화로 인해 상당량의 극지방 얼음이 녹을 것이라는 우려가 있다. 이로 인해 극지방의 바다에는 더 많은 담수가 유입될 것이다. 따라서 기후변화는 북대서양심층수의 붕괴와 따뜻한 멕시코만류의 약화를 초래할 수 있다〔도판31b〕. 이것은 유럽의 겨울이 훨씬 추워지고 날씨가 혹독해질 수 있다는 의미다. 따뜻한 멕시코만류의 영향은 주로 겨울철에 나타나며 여름철 기온에 미치는 영향은 적다. 따라서 멕시코만류가 약화될 경우, 지구온난화는 유럽의 여름을 여전히 뜨겁게 달굴 것이다. 결국 유럽은 알래스카와 아주 비슷한, 계절마다 널뛰기하는 극단적인 날씨를 겪게 될 것이다.

반대편의 시나리오에 따르면, 그린란드와 북극의 얼음보다 남극의 빙상이 훨씬 많이 녹을 경우 상황이 아주 달라질 수 있다. 녹은 물이 남극으로 유입되면 남극저층수의 양은 심각하게 줄어들 것이다. 심층수 시스템은 북대서양심층수와 남극저층수 간의 균형잡기이므로, 남극저층수의 기세가 약해지면 북대서양심층수가 증가하고 확장할 것이다〔도판31c〕. 문제는 북대서양심층수가 남극저층수보다 더 따뜻하다는 것이다. 따

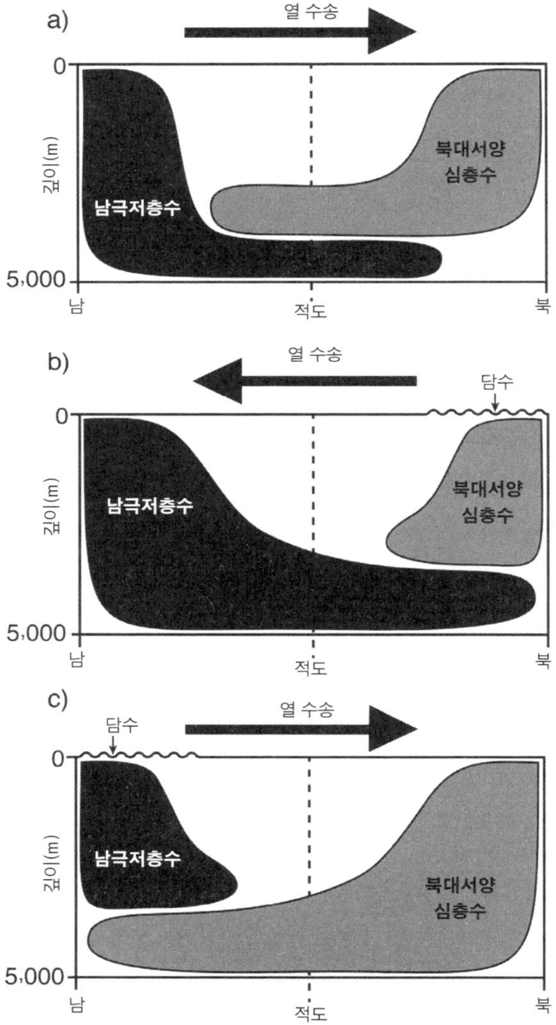

31. 담수 유입에 따른 심층수 순환 변화.

뜻해진 물은 팽창하는 성질이 있으므로 북대서양심층수는 더 많은 면적을 차지하게 될 것이다. 따라서 북대서양심층수의 증가는 더 심각한 해수면상승을 의미한다. 댄 세이도프(Dan Seidov, 현 미국 해양기상청 소속)와 내가 제시한 컴퓨터 모델에 따르면 이러한 시나리오는 평균 1미터 이상의 해수면상승을 초래할 수 있다.

심층수 순환의 파국적인 붕괴 가능성이 제기된 지 30년이 넘었고 이에 관한 수많은 연구가 이루어졌다. 추적에 따르면 멕시코만류는 지난 세기 중반과 비교해 15퍼센트가량 약화되었다. 최근 IPCC 보고서의 해양 모니터링과 기후모델 예측을 통해 수집된 증거에 따르면, 21세기에 멕시코만류가 붕괴할 가능성은 아주 낮다. 하지만 이러한 모델들은 인류가 탄소 배출을 줄이지 않을 경우 이번 세기에 북대서양심층수의 순환이 상당히 약해질 수 있음을 보여준다. 문제는 심층수 순환 붕괴를 야기할 잠재적 티핑포인트를 우리가 특정할 수 없다는 것이다. 설상가상으로, 그린란드나 서남극 빙상의 해빙이 가속화될 경우, 대량의 담수가 바다로 유입되어 심층수 순환의 균형이 완전히 무너질 수 있다.

가스하이드레이트

전 세계 대양과 영구동토대 아래에는 엄청난 양의 탄소가 메탄의 형태로 저장되어 있다. 이 메탄가스는 저온·고압의 물 분자라는 단단한 우리 안에 갇혀 있다. 이 메탄가스는 해양 침전물 혹은 영구동토대 아래의 흙 속에서 부패한 유기물의 사체에서 나온 것이다〔도판32〕. 이 가스하이드레이트 저장고는 불안정할 수 있는데, 온도가 상승하거나 압력이 하락할 경우 갇혀 있던 메탄이 방출될 수 있기 때문이다. 기후변화는 해양과 영구동토대를 모두 데우며 가스하이드레이트의 안정성을 위협한다. 메탄은 이산화탄소보다 21배 강력한 온실가스다〈표1〉. 충분한 양의 메탄이 방출되면 기온이 상승하고 이를 통해 더 많은 가스하이드레이트가 추가로 방출되어 걷잡을 수 없는 사태가 발생할 수 있다. 과학자들은 우리 발밑의 가스하이드레이트 안에 얼마나 많은 메탄이 저장되어 있는지 정확히 모른다. 대략적인 예상치는 1조~10조 톤 수준인데, 이는 (현재 대기 중의 탄소량이 8000억 탄소톤인 것과 비교하면) 엄청난 양이다. 더 정확한 예상치가 없으므로, 가스하이드레이트의 위험을 평가하는 것은 현재로서 매우 어렵다.

과학자들이 이 문제를 매우 우려하는 이유는 5500만 년 전, 일명 팔레오세-에오세 최고온기(Palaeocene-Eocene Thermal Maximum, PETM)라 불리는 시기에 아주 강력한 온실효과가

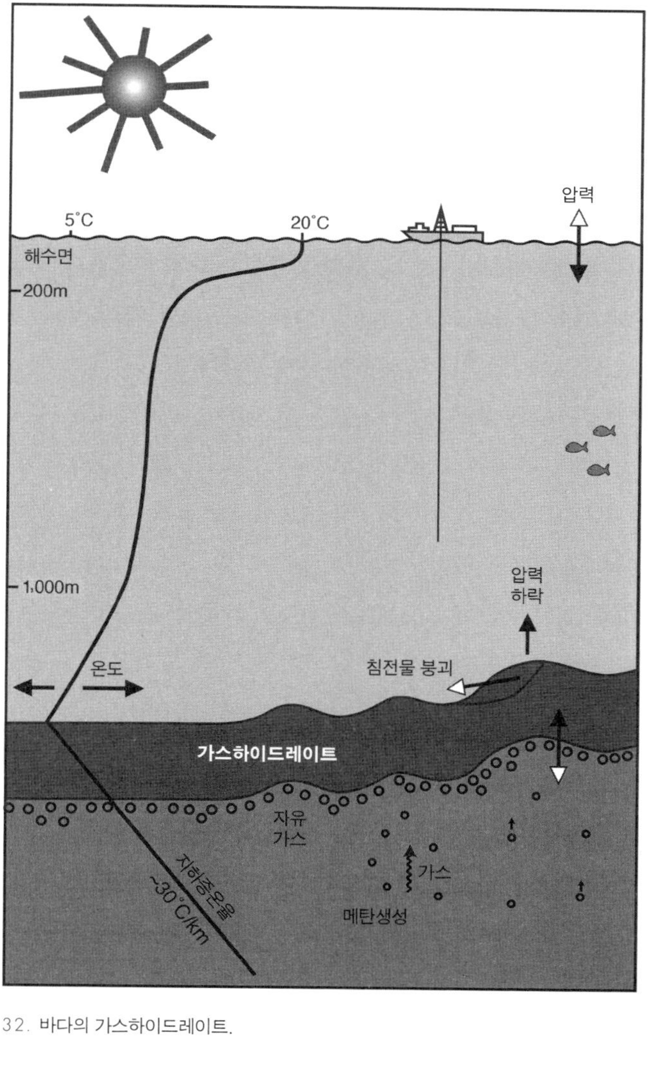

32. 바다의 가스하이드레이트.

발생했다는 증거가 있기 때문이다. 과학자들은 이 최고온기 동안 최대 1.5조 톤의 가스하이드레이트가 방출되었을 수 있다고 생각한다. 이와 같은 메탄의 대규모 대기 유입은 자연적인 온실효과를 가속화하여 추가로 5도가 상승되는 온난화를 발생시켰다. 하지만 이 최고온기에 관해서는 여전히 상당한 논란이 존재한다. 가령 당시 온난화의 주원인은 가스하이드레이트에서 풀려난 메탄 때문이었을까, 아니면 비슷한 시기에 발생한 화산폭발로 인한 이산화탄소 때문이었을까?

현재의 중론은 바닷속의 가스하이드레이트 저장고가 이번 세기 동안은 안정적으로 유지될 가능성이 높다는 것이다. 가스하이드레이트는 해저에 단단한 고체층을 형성한다. 이 고체층의 두께는 지하증온율(geothermal heat gradient)에 의해 조절된다. 퇴적물 속으로 깊숙이 들어가면 1킬로미터당 약 30도씩 온도가 상승한다. 어느 정도 깊이까지 가면 가스하이드레이트가 존재할 수 없을 만큼 너무 뜨거워지고 그 침전물 속에 자유가스 형태의 메탄이 축적된다. 해양 온도가 변화하면 그 온도 변화가 단단한 가스하이드레이트 층을 통해 더 낮은 곳으로 전달되어 그중 일부는 녹게 된다. 이 과정이 충분히 느리다면, 방출된 가스는 해양 퇴적물층의 상층부로 이동하다가 조금 높은 곳에서 다시 멈추게 된다. 하지만 탄소 배출을 줄이지 않는다면 다음 세기에는 이 과정이 가속화될 것이고 심해에 저장된 메탄 중 일부가 방출되고 말 것이다.

한때 영구동토대였던 땅 아래에 갇힌 가스하이드레이트가 이미 녹고 있다는 건 분명한 사실이며 캐나다와 시베리아의 호수에서 메탄 거품이 여러 차례 관찰된 바 있다.

북극 증폭 온도를 감안할 때, 북극 지방의 기온 상승은 지구 평균의 두 배에 가까울 것이고 이는 가스하이드레이트의 해리를 가속화할 것이다. 하지만 우리에게는 여전히 전 세계 영구동토대에 얼마나 많은 메탄이 저장되어 있는지 알려주는 지표가 없다. 따라서 현재 우리가 내놓을 수 있는 최선의 예상은 지구 기온이 3도 상승할 경우 350억~9400억 탄소톤의 메탄이 방출될 수 있으며 이는 전 세계 기온을 0.02~0.5도까지 더 끌어올릴 수 있다는 것이다.

아마존 산림파괴

1542년, 프란시스코 데 오레야나는 최초의 아마존강 유럽 원정대를 이끌고 강을 타고 내려갔다. 이 용감한 여정 동안 원정대는 현지 인디언들의 강력한 저항에 직면했다. 특히 어떤 부족은 여성 전사들이 앞에서 꾸물대는 남성 전사들을 창으로 찔러버릴 만큼 용맹했다. 이에 따라 이 강은 그리스신화의 유명한 여전사들의 이름을 따서 '아마존'이라고 불리게 되었다. 덕분에 프란시스코 데 오레야나는 당대의 가장 불운한 탐험가 중 한 명이 되었는데, 원래대로라면 강에 그의 이름을 붙일 수도 있었기 때문이다. 아마존강은 전 세계 대양에 유입되는 담수 중 약 20퍼센트를 책임진다. 아마존 배수유역의 면적은 세계 최대로, 대략 유럽 크기와 맞먹는 705만 제곱킬로미터에 달한다. 이 강은 매년 엄청난 양의 비를 몰고 오는 아마존 몬순의 작품이다. 또한 아마존강 주변에는 지구 최고의 생물다양성과 최다 생물종을 자랑하는 드넓은 열대우림이 펼쳐진다.

아마존 우림은 거대한 천연 탄소 저장고이므로 기후변화와 관련된 중요한 곳이다. 원래는 아마존 같은 기존 열대우림들이 한계에 도달했다고 여겨졌다. 하지만 지난 40년간 전 세계 모든 열대우림을 자세히 조사한 끝에 이는 사실이 아님이 밝혀졌다. 1990년대에 벌채나 산불의 영향을 받지 않은 멀쩡한 열대우림들은 대기에서 약 460억 톤의 이산화탄소를 제거했다. 안타까운 사실은 이러한 이산화탄소 제거량이 2010년대에는 약 250억 톤으로 줄었다는 것이다. 이산화탄소 저장 능력이 210억 톤이나 떨어진 셈인데, 이는 10년간의 영국, 독일, 프랑스, 캐나다의 화석연료 탄소 배출량을 모두 합한 것과 맞먹는다. 이 모든 데이터는 아프리카 열대우림 관측 네트워크(African Tropical Rainforest Observatory Network)와 아마존 우림 인벤토리 네트워크(Amazon Rainforest Inventory Network)가 취합한 것이다. 17개국에서 100만 회 이상의 매목조사를 통해 30만 그루 이상의 나무를 추적중이며 데이터의 표준화 및 관리는 영국 리즈대학교에서 책임지고 있다(ForestPlots.net 사이트에서 볼 수 있다).

아마존 우림 파괴 가능성에 대한 우려는 영국 기상청 해들리센터의 연구원들이 2000년에 발표한 중요한 논문에서 시작되었다. 그들의 기후모델은 식생-기후 피드백을 포함시킨 최초 사례였으며 2050년이면 지구온난화로 인해 아마존 유역의 겨울 건기가 늘어날 수 있다고 주장했다. 아마존 우림이 살아남기 위해서는 우기에 많은 양의 비가 내려야 하는 것은 물론, 초목이 고사하지 않도록 건기가 비교적 짧아야 한다. 해들리센터 모델에 따르면, 기후변화는 세계의 기후를 조금 더 엘니뇨와 비슷한 상태로 바꿔놓을 수 있으며 남미의 건기는 훨씬 길어질 수 있다. 킴 스탠리 로빈슨은 소설 『비의 마흔 가지 징표*Forty Signs of Rain*』에서 '하이퍼니뇨(Hyperniño)'라는 용어로 새로운 기후를 표현했다. 아마존 우림은 이렇게 길어진 건기를 버티지 못하고 사바나(savannah, 건조한 초원)로 바뀔지도 모른다. 이러한 변화가 일어나는 이유는 건기가 길어지면 산불로 인한 대규모 산림파괴가 발생하기 때문이다. 아마존 지역이 극심한 가뭄을 겪었던 2005년과 2010년에 실제로 이런 일이 발생했다. 게다가 산불은 우림에 저장된 탄소를 대기 중으로 돌려보내 기후변화를 촉진하는 역할을 한다. 길어진 건기에 적응하는 가운데 화재 피해지는 사바나로 바뀌겠지만, 사바나는 우림에 비해 단위면적당 잠재적 탄소 저장 능력이 현저히 떨어진다.

기후변화에 대한 아마존 우림의 반응을 모델링하는 것이 복잡한 이유는 양성피드백과 음성피드백이 모두 존재하기 때문이다. 예컨대, 고농도의 대기 중 이산화탄소는 초목의 광합성 및 성장을 촉진하는 '시비(施肥, fertilization)' 효과를 낸다. 또한 식물의 효율적인 수분 활용을 도와 가뭄을 더 잘 견디도록 하는데, 이 때문에 길어진 건기로 인해 예상되는 부정적 영향은 어느 정도 상쇄된다. 다른 기후모델들은 이처럼 대대적인 우림 파괴를 발견하지 못했고, 최근 IPCC 보고서는 아마존 우림의 지속적인 파괴가 이번 세기에 발생할 가능성은 낮다고 했다. 어디까지나 인간이 아마존 우림에 더는 손을 대지 않는다면 말이다. 여기서 이 마지막 단서가 가장 큰 문제인데, 자이르 보우소나루 브라질 대통령의 취임 이후, 산림벌채율이 증가하고 산불이 급증하는 추세이기 때문이다. 특히 이전까지 산불이 없던 지역에서 많은 피해가 발생하고 있어 이중 상당수는 의도적으로 발생시킨 산불일 수 있음을 시사한다. 아마존을 비롯한 여러 우림의 벌목과 파편화는 세계를 기후변화에 더 취약한 상태로 만들고 따라서 파국적인 우림 파괴의 가능성을 확대한다.

인류가 초래한 기후변화는 이미 우리 지구에 영향을 미치고 있으며 향후 80년간 훨씬 더 극단적인 영향을 미칠 수 있다. 또한 과학자들은 기후변화를 가속시킬 충격적인 기후 현상이 발생할까봐 끊임없이 걱정하고 있다. 앞서 설명한 바와 같이, 여기에는 그린란드나 남극의 얼음이 불가역적인 수준으로 녹아 해수면이 다음 세기에 몇 미터씩 상승하는 위험도 포함된다. 북대서양의 심해 순환이 바뀌어 유럽의 계절 날씨가 극단적으로 바뀔 수도 있다. 벌목과 기후변화의 복합적인 영향으로 아마존 우림이 파괴되어 생물다양성이 훼손되는 것은 물론, 대기 중 이산화탄소 배출이 늘어 지구온난화를 부추길 수도 있다. 마지막으로, 대양과 영구동토대 아래의 가스하이드레이트로부터 추가적인 메탄이 방출되어 기후변화에 박차를 가할 위험도 있다. 우리가 기후변화로 인한 최악의 사태를 피하고 기후 이변의 가능성을 크게 줄일 수 있는 한 가지 방법은, 기후변화의 폭을 최대한 좁게 유지하는 것이다. 전 세계 지도자들의 염원은 기후변화의 폭을 산업화 이전 대비 1.5도 이하로 유지하는 것이다. 7장에서는 어떻게 그들이 이러한 결정을 내리게 되었고 어떤 방식으로 그 목표를 달성하고자 하는지 살펴보자.

제 7 장

기후변화의 정치

서론

기후변화 문제의 가장 합당한 대책은 온실가스 배출을 대폭 줄이는 것이다. 2015년 파리기후변화회의에서 세계 지도자들은 지구 기온 상승의 폭이 2도 이내로 제한되어야 하며 염원하는 목표치는 1.5도라고 합의했다. 이런 합의에도 불구하고 전 세계 탄소 배출은 해마다 꾸준히 상승하고 있다. 유일한 예외는 코로나19 봉쇄 조치로 인해 탄소 배출이 약 7퍼센트 하락한 2020년이다. 전 세계 거의 모든 항공기 운항과 차량 여행의 중단이 인류의 총 온실가스 배출에 미친 영향은 생각보다 크지 않다. 코로나가 전 세계를 강타한 2020년 세계 탄소 배출량은 2006년과 동일한 수준이다. 이는 코로나 기간 동안 에너지 생산에는 거의 변화가 없었기 때문이다. 하지만 전 세계 기업과 시민사회는 코로나 이후의 회복 과정을 통해 저탄소 경제로 도약해야 한다는 목소리를 내고 있다.

기후변화 협상

유엔기후변화협약은 1992년 리우 지구정상회의에서 기후변화에 대한 세계적 합의를 논의하고 기후변화의 영향을 제한하기 위해 만들어졌다. 유엔기후변화협약은 1994년 3월 21일에 공식적으로 발효되었다. 2014년 3월 기준으로 가입국은 196개국이다. 유엔기후변화협약에는 여러 원칙이 명시되어 있는데 모든 당사국들의 만장일치 합의와 차등적 책임도 그중 하나다. 차등적 책임이 적용되는 이유는, 각국이 지금껏 배출해온 온실가스의 양에 차이가 있으므로 탄소 배출을 줄이기 위해 기울여야 할 노력에도 차등을 두어야 한다는 점을 유엔기후변화협약이 인정하기 때문이다〔도판33〕. 예컨대, 평균적으로 미국인 한 명이 배출하는 이산화탄소의 양은 인도인 한 명이 배출하는 양의 열 배 이상이다. 이 부분을 협상에 공식적으로 반영하기 위해 당사국을 두 개 그룹으로 분류한다. 부속서 1(Annex I) 국가에는 모든 선진국이, 비부속서 1(non-Annex I) 국가에는 저개발국가와 개발도상국이 포함된다. 부속서 1의 일부 국가들이 자국 경제는 과도기를 거치고 있다고 주장함에 따라 추후에 부속서 1 국가 그룹도 둘로 나뉘었다. 그 결과, 가장 부유한 국가들은 부속서 2(Annex II)라는 추가로 생겨난 범주에 묶이게 되었다. 유엔기후변화협약은 축소와 수렴의 원칙에 세심한 주의를 기울인다. 즉 모든 국가는 탄소 배출을 축소해야 하고 탄소 순배출 제로로 수렴해야 한다는 것이다. 탄소 순배출 제로 목표는 2018년 발간된 중요한 보고서, IPCC의 1.5도 지구온난화 보고서에서 나왔다. 이 보고서는 기후변화의 폭을 1.5도 아래로 유지하려면 약 2050년까지 탄소 순배출 제로에 도달하고 이후 남은 50년 동안은 탄소 네거티브를 향해 나아가야 한다고 밝혔다.

교토 1997

유엔기후변화협약이 채택된 이후, 일명 '당사국'이라 불리는 전 세계의 국가들은 협상 진전을 위해 매년 당사국총회(Conference of the Parties, COP)에 참석해왔다. 유엔기후변화협약이 도입된 지 불과 5년이 지난 후, 1997년 12월 13일 제3차 당사국총회에서 최초의 국제협약인 교토의정서가 채택되었다. 여기에는 온실가스 배출 저감을 위한 전 세계적인 조약의 일반적인 원칙들이 명시되었는데, 더 구체적으로 말하자면 모든 선진국은 자국의 탄소 배출을 2008~2012년까지

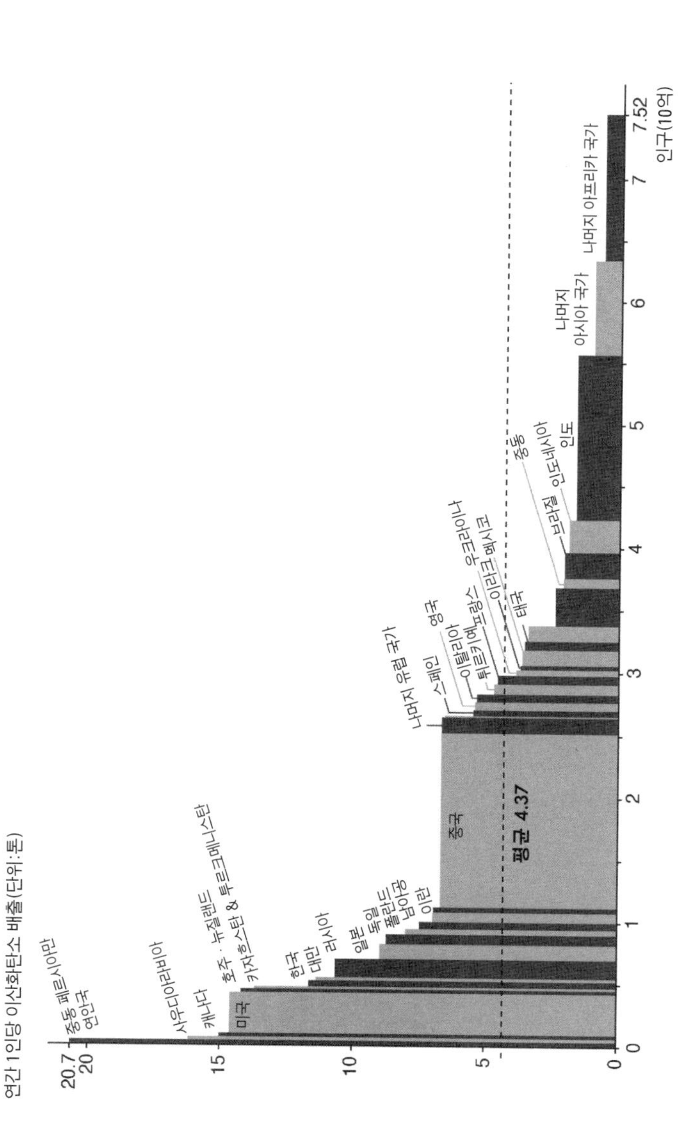

33. 국가·인구별 1인당 이산화탄소 배출.

1990년 대비 5.2퍼센트 줄이는 것을 목표로 삼아야 한다는 것이었다. 교토의정서는 2001년 7월 23일 독일 본에서 비준되어 법적 구속력을 갖게 되었다. 당시 부시 대통령이 이끌던 미국은 2001년 3월 기후 협상에서 탈퇴해 본 회의에서 교토의정서에 서명하지 않았다. 전 세계 이산화탄소 배출의 25퍼센트를 차지하는 미국의 불참은 이 조약의 효용에 큰 타격을 안겼다. 게다가 교토의정서가 설정한 목표치는 일본, 캐나다, 호주의 동참을 확정 짓기 위해 본 회의 기간 동안 하향 조정되었다. 호주는 2007년 12월에야 교토의정서를 법적 구속력을 지닌 조약으로 확정했다.

교토의정서는 개발도상국을 포함하지 않는다. 이것은 역사적으로 선진국이 배출해온 탄소 배출량과의 균형을 맞추기 위해서였다. 개발도상국들은 2012년 이후의 조약을 통해 참여하게 될 예정이었다. 교토의정서가 발효된 것은 2005년 2월 16일 러시아가 이 조약을 비준한 뒤였다. 전 세계 탄소 배출의 55퍼센트 이상을 차지하는 최소 55개국이라는 조건이 충족되었기 때문이다.

코펜하겐 2009

2009년 제15차 당사국총회(코펜하겐)는 세계적인 금융위기 1년 후에 열렸음에도 불구하고 기대가 대단했다. 교토의정서와 2012년 이후의 합의를 순조롭게 연결해줄 새로운 목표치 공약들이 예상되었다. 버락 오바마가 막 미국 대통령으로 취임한 때였다. 유럽연합은 2020년까지 1990년 대비 탄소 배출을 무조건적으로 20퍼센트 감축하는 것은 물론, 다른 선진국들도 법적 구속력이 있는 목표를 내놓을 경우 목표치를 30퍼센트로 상향하겠다는 안을 준비해왔다. 대부분의 다른 선진국들도 계획을 준비해왔다. 노르웨이와 일본은 1990년 대비 탄소 배출을 각각 40퍼센트와 25퍼센트까지 줄일 의사가 있었다. 미국조차도 2005년 대비 탄소 배출을 17퍼센트나 줄이겠다고 제안했는데, 이는 1990년 대비 4퍼센트 감소에 해당한다. 하지만 코펜하겐 회의는 처참하게 실패했다. 우선 덴마크 정부는 이 회담에 대한 관심을 지나치게 과소평가하여 너무나 작은 회의장을 준비했다. 회담 둘째 주에 모든 유력 국가의 장관들과 그들의 지지자들이 도착했지만 공간이 부족해 다수의 비정부기구 관계자들은 회의장에 발을 들일 수 없었다. 둘째, 협상가들은 장관들을 맞을 준비가 되어 있지 않았을 뿐만 아니라 아무런 합의가 없었다. 이로 인해 '코펜하겐협정(The Copenhagen Agreement)'이라는 부제가 붙은 '덴마크 문건(The Danish Text)'과 지구 평균기온 상승을 산업화 이전 대비 2도 이하로 유지하기 위한 방안들이 유출되었다. 회의 도

중 난데없이 나타난 이 문건으로 인해 선진국과 개발도상국 간의 다툼이 시작되었다. 개발도상국들은 선진국들이 개발도상국들의 동의도 구하지 않고 막후에서 자기네들에게 유리한 협정문을 미리 준비했다고 비난했다. G77의 의장인 루뭄바 스타니슬라우스 디아핑은 "이것은 지난 2년간의 협상을 완전히 전복시키는 것이 목적인, 믿기 힘들 정도로 불평등한 문건이며 개발도상국의 제안과 목소리는 전혀 반영하고 있지 않다"라고 말했다.

법적 구속력을 지니는 합의를 도출하는 데 실패한 것은 미국이 마지막 한 방을 날렸기 때문이다. 버락 오바마 대통령은 회의가 종료되기 이틀 전에야 회의장에 도착했다. 그는 다른 유엔 국가들을 배제한 채 미국과 일명 BASIC 국가(브라질, 남아공, 인도, 중국) 간의 회의를 통해 코펜하겐협정을 채택했다. 코펜하겐협정은 기온 상승을 2도 이하로 유지해야 한다는 과학계 주장을 인정했지만, 이 목표에 대한 기준연도나 목표 달성을 위한 탄소 배출 저감 공약을 포함시키지 않았다. 기온 상승을 1.5도로 제한하고 이산화탄소 배출을 80퍼센트 저감하는 목표가 담긴 이전의 제안들은 철회되었다. 코펜하겐협정은 법적 구속력이 없었고 각국은 2010년 1월까지 자발적인 목표를 내놓아야 했다. 또한, 코펜하겐협정에 서명한 국가들은 자동으로 교토의정서에서 탈퇴한다는 내용이 담겨 있었다. 따라서 미국은 2012년까지 적용되었어야 할 교토의정서의 법적 구속력이 있는 목표로부터 벗어날 수 있었고 자발성에 근거한 미약한 노선을 택했다. 볼리비아 대표단은 코펜하겐협정이 도출된 방식을 "반민주적인, 불투명한, 용납 불가능한" 방식이라고 요약했다. 코펜하겐협정의 법적 지위도 불분명한데, 당사국들의 동의를 받은 것이 아니라 주지된 정도에 그쳤기 때문이다. 처음에는 122개국, 이후에는 139개국만이 이 협정에 동의했다.

2014년 1월, 미국 정부 협상단이 다른 대표단들의 회의를 도청해 얻은 정보를 회담 도중에 가지고 있었다는 사실이 밝혀지면서 유엔기후변화협약 회담은 다시 한번 신뢰에 타격을 입었다. 에드워드 스노든(Edward Snowden)이 유출한 문서에는 미국 국가안전보장국(National Security Agency)이 코펜하겐 기후회의 이전과 도중에 여러 국가들의 통신을 감시한 방법이 담겨 있었다. 유출된 이 문서에 따르면 국가안전보장국은 기후 협상이 결렬될 경우 이를 '구제'하기 위한 덴마크 정부의 계획을 세부 사항까지 사전에 미국 협상단에 전달했다. 또한 중국은 코펜하겐 기후회의 이전에 인도와 자국 입장을 사전 조율하기 위해 노력했다는 첩보도 포함되었다.

파리 2015

코펜하겐에서 개최된 제15차 당사국회의의 실패와 거기에서 비롯된 자발적인 약속은 이후 열린 당사국총회에 긴 그림자를 드리웠다. 또한 볼리비아와 에콰도르가 코펜하겐협정에 반대했다는 이유로 미국이 양국에 대한 원조를 삭감했다는 사실이 위키리크스(Wikileaks)를 통해 밝혀지면서 전망은 더욱 어두워졌다. 버락 오바마와 미국 협상단이 만들어낸 진창으로부터 기후변화 협상을 끄집어내는 데 5년 넘는 시간이 걸렸다. 제16차 칸쿤 당사국회의와 제17차 더반 당사국회의에서 유엔기후변화협약 협상은 법적 구속력을 지닌 목표치 설정이라는 목표와 함께 서서히 제자리를 찾아갔다. 레드플러스(REDD+, 산지전용 및 산림황폐화로 인한 배출 감축, 현지인 보호 포함)를 통해 놀라운 진전이 이루어졌으며 그 내용은 이 장의 뒷부분에서 자세히 논의할 예정이다. 하지만 2013년 1월 1일에 시작되어 8년간 지속될 두번째 의무이행기간에 대한 합의가 도출된 것은 2012년 12월 제18차 도하 당사국회의에서였다. 이 의무이행기간 동안 모든 교토 메커니즘과 회계 규칙은 온전하게 유지되었고, 당사국들은 각자의 기존 목표치를 검토해 상향 조정할 수 있었다. 이 모든 성과는 2015년에 열린 제21차 파리 당사국총회에서 체결된 세계 기후변화협정의 토대를 마련했다.

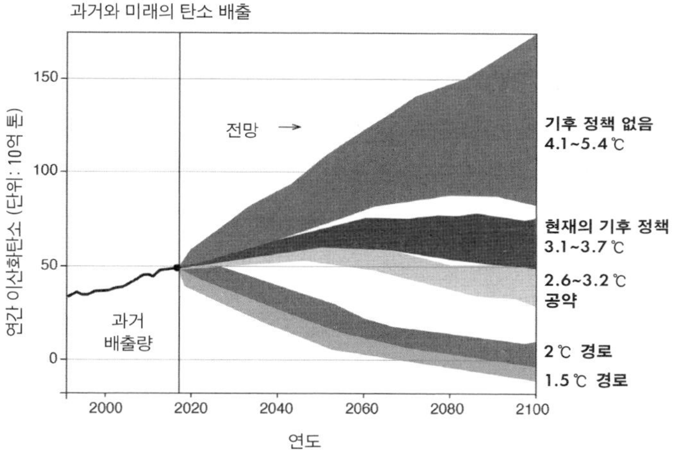

34. 탄소 배출량 차이에 따른 미래의 잠재적 지구온난화.

2015년 파리기후변화회의가 큰 성공을 거둘 수 있었던 주 원인은 주최국인 프랑스가 국제 협상이라는 거대한 게임을 잘 이해했고, 참여국 전원이 합의문에 서명할 수 있도록 온갖 계책을 사용했기 때문이었다. 이 협정문에는 당사국들이 기온 상승을 "산업화 이전 대비 2도보다 훨씬 낮은 수준으로 유지하고 산업화 이전 대비 1.5도로 제한하는 노력을 추구해야 한다"라고 명시되어 있다. 파리기후변화회의는 큰 판돈이 걸린 지정학적 포커 게임이었다. 놀랍게도 국력이 가장 약한 나라들이 예상보다 훨씬 활약하는 모습을 보여주었다. 기후회의는 북반구의 고소득 국가들과 남반구의 저소득 국가들이라는 일반적인 구분을 넘어 끊임없이 이합집산하는 동맹에 달려 있었다. 여기서 첫번째로 중요한 것은 미국과 중국의 외교였는데, 양쪽은 모두 탄소 배출 제한에 동의했다. 두번째는 기후변화 취약 국가들로 구성된 기후취약국포럼(Climate Vulnerable Forum)이 1.5도 목표를 중대한 정치적 사안으로 밀어붙여 협정문의 주요 목표에 포함시켰다는 것이다. 파리기후변화협약에 대한 정치적 지원 덕분에 IPCC는 2018년, 중요한 1.5도 지구온난화 보고서를 발간할 수 있었다. 이 보고서는 기온이 1.5도 상승한 세계와 2도 상승한 세계에서 나타날 커다란 차이를 문서화했다. 또한, 1.5도 세계라는 목표를 어떻게 달성할 것인지도 언급했다. 이를 위해서는 앞서 말한 바와

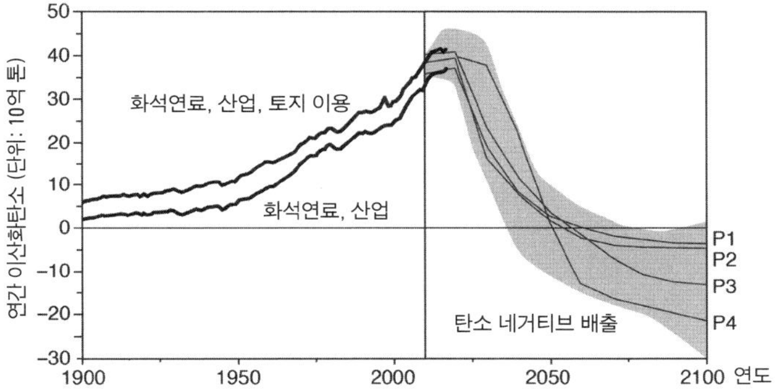
50
40
30
20
10
0
−10
−20
−30
연간 이산화탄소 (단위: 10억 톤)
화석연료, 산업, 토지 이용
화석연료, 산업
탄소 네거티브 배출
P1
P2
P3
P4
1900
1950
2000
2050
2100 연도

35. 1.5도 세계 달성.

같이, 2050년까지 탄소 순배출 제로를 달성하고 남은 반세기 동안은 대기 중의 탄소를 제거해야 한다〔도판35〕. 세상이 탄소 순배출 제로에 빨리 도달할수록 2050년과 2100년 사이에 대기 중에서 제거해야 할 탄소의 양도 줄어든다. 파리기후변화협약은 이 과정의 시작일 뿐이다. 왜냐하면 모든 국가의 공약이 충실히 이행된다고 가정하더라도 여전히 전 세계 기온은 3도가량 상승할 것이기 때문이다〔도판34〕.

2017년, 파리기후변화협약은 큰 장애물을 만났다. 트럼프 미국 대통령이 파리기후변화협약의 불공정성과 개발도상국을 대한 편향을 이유로 미국의 협약 탈퇴를 선언했기 때문이다. 파리기후변화협약 제24조에 따르면, 한 국가는 해당 국가에서 파리협약이 발효된 지 3년이 지나야만 탈퇴가 가능하다. 따라서 미국이 협약에서 탈퇴할 수 있는 가장 빠른 날짜는 2020년 11월 4일이었다. 이날은 2020년 미국 대선 하루 뒤였다. 새로 취임한 바이든 대통령이 제일 먼저 취한 조치 중 하나가 미국을 파리협약에 다시 참여시키는 것이었다.

바이든 신임 대통령은 추가적인 문제와 직면해야 했는데, 트럼프 전임 대통령이 집권하는 4년 동안 100개에 가까운 환경규제와 규칙이 이미 철폐되거나 폐지되는 과정에 있었기 때문이었다. 여기에는 오바마 행정부 시절에 도입된 차량 연료 효율 기준 및 배출 기준의 완화, 석탄화력발전소 탄소 배출 기준의 완화, 에너지효율이 낮은 전구를 2020년 이후에도 여전히 구입할 수 있게 만드는 조명 효율 규제법의 완화 등이 포함된다.

트럼프 대통령은 논란이 많은 두 개의 송유관(키스톤 XL과 다코타 액세스)을 승인하고 거의 미국 전역의 바다에서 시추를 허용했으며, 북극야생동물보호구역의 시추 또한 허가해 대규모 석유 및 가스 탐사를 용인했다. 2021년 바이든 대통령은 이 모든 행정명령을 철회하고 파리협약에 다시 참여했으며 저탄소 기술과 기반시설 투자를 전면 확대하는 것은 물론, 미국 탄소 배출을 2030년까지 50퍼센트 줄여 2050년까지 탄소 순배출 제로를 달성하겠다고 공약했다.

글래스고 2021

영국과 이탈리아는 2020년 말 글래스고에서 제26차 당사국회의를 공동 개최하기로 되어 있었으나, 코로나19 팬데믹과 그로 인한 봉쇄 조치, 이탈리아와 영국이 입은 심각한 피해로 인해 이 중요한 회의는 2021년 11월로 연기되었다. 이 회의가 중요한 이유는 제3차 파리협약 당사국회의(CMA3)이고 파리협약에 명시된 세계의 협약 이행을 최초로 점검하는 자리이기 때문이다. 제26차 당사국회의는 2015년 파리협약 이후의 성과를 검토하고 각국이 더 높은 수준의 온실가스 감축 목표를 공약하도록 장려할 예정이다. 무엇보다 이 회의는 탄소 순배출 제로가 전 세계의 1차 목표가 되는 최초의 당사국 회의가 될 것이며 이 목표를 얼마나 빨리 달성할 수 있을지, 어떤 국가가 주도국이 될 것인지 논의하는 자리가 될 것이다.

이미 많은 나라가 2050년까지 탄소 순배출 제로를 달성하겠다는 목표를 발표했다. 여기에는 부탄, 캐나다, 칠레, 코스타리카, 유럽연합, 피지, 아이슬란드, 일본, 뉴질랜드, 노르웨이, 스웨덴, 싱가포르, 슬로바키아, 남아공, 한국, 영국, 미국, 우루과이가 포함된다. 중국은 2060년까지 탄소 순배출 제로를 달성하겠다고 약속했다. 또한 제26차 당사국회의에는 미국이 다시 참여한다.

유엔기후변화협약 과정의 문제

유엔기후변화협약의 접근 방식과 관련해 다양한 문제점이 지적되었다. 몇 가지 중요한 내용은 다음과 같다.

충분하지 않은 조치. 유엔기후변화협약의 첫번째 결함은 25년간의 협상에도 불구하고 그 어떤 지속적인 합의도 도출하지 못했다는 것이다. 앞서 언급한 바와 같이, 현재의 파리협약과 관련된 모든 약속이 충실히 이행되더라도 지구 기온은 최소 3도 상승할 것이며〔도판34〕 예상되는 온난화의 영향은 〈표4〉와 같다.

강제력 부재. 국제협약과 조약의 근본적인 문제는 실질적인 이행 수단이 없다는 것이다. 이것은 미국이 코펜하겐협정을 제안하면서 내세운 주장 중 하나인데, 구속력 있는 목표라고 하더라도 이행 여부는 각국의 선택에 달려 있으므로 사실상 자발적이어야 한다는 것이다. 유럽연합과 같은 지역 수준에서의 정책과 법, 영국의 기후변화법처럼 국가 수준에서의 정책과 법이 모두 필요한 건 그 때문이다. 국제조약을 실현하기 위한 유일한 수단은 지역 및 국가의 법이다. 시스템의 허점을 이용해 장난치는 사람들을 막기 위해서는 이처럼 다층적인 거버넌스(governance)가 필요하다.

녹색 식민주의. 많은 사회정치학자들은 기후 협상 자체에 대한 철학적, 윤리적 의문을 제기해왔다. 주된 걱정은 선진국들이 가난한 국가들에게 언제, 어떻게 국가 발전을 중단해야 하는지 지시하는 것처럼 보이기 때문에, 기후 협상이 일종의 제국주의가 아닌가 하는 것이다. 수년 동안 인도와 중국 같은 국가들은 자국의 발전과 빈곤 구제 노력을 저해할 수 있다는 이유로, 탄소 배출을 줄이라는 국제사회의 요구에 저항해왔다. 다른 국가들은 청정개발체제(Clean Development Mechanism) 같은 제도를 지지해왔는데, 이는 선진국들이 자국의 감축 목표 달성을 위해 개발도상국의 탄소 배출 저감에 대한 비용을 지불할 수 있게 하는 것이다. 이것은 개발 배당금을 통해 부국에서 빈국으로 자금을 이동시킨다. 하지만 청정개발체제 프로젝트 자금의 80퍼센트는 개발도상국 중에서도 가장 잘사는 나라인 중국, 브라질, 인도, 한국에 할당되었고 최빈국에는 전달되지 못했다. 또한, 청정개발체제 탄소배출권의 60퍼센트는 영국과 네덜란드에서 구입되어 몹시 왜곡된 금융거래를 초래했다.

국가 접근법 대 부문 접근법. 유엔기후변화협약의 접근법에는 또다른 문제가 있다. 이는 민족국가 개념에서 비롯된 것으로, 자유무역이 가능하다고 여겨지는 전 세계 자본주의 사회의 중대한 이슈이다. 예컨대, 미국이 파리협약에 근거해 자국 내 중공업의 탄소 배출을 줄이고자 한다면 철강과 콘크리트 생산에 탄소세를 부과할 수 있다. 하지만 다른 국가들이 이와 같은 규제를 실시하지 않을 경우, 그들의 제품은 항공기, 선박, 차량으로 미국에 운송되는 비용을 포함하더라도 더 저렴해질 것이고 이는 더 많은 이산화탄소 배출로 이어질 수 있다. 따라서 세계경제는 옳은 일을 하고 탄소 배출을 줄이려는 국가들의 노력에 찬물을 끼얹을 수 있다. 대안적인 접근법은 부문 수준에서 국제협약을 맺는 것이다. 예컨대, 1톤의 강철이나 콘크리트 생산 과정에 발생하는 탄소의 상한선을 국제협약으로 정할 수도 있다. 그런 다음 모든 국가로부터 저탄소 제조법으로 생산된 강철이나 콘크리트만 구입하겠다는 동의를 받을 수 있다. 이 방법은 각국이 자국 업계의 온실가스 배출을 줄이는 과정에 손해를 보지 않도록 함으로써 더 공정한 무역 시스템을 만들 것이다. 물론 문제는 너무나도 다양한 산업 전반에 어떻게 이러한 시스템을 단속할 수 있느냐 하는 것이다.

탄소의 거래

많은 정치인들은 지역적 혹은 세계적인 탄소배출권거래제의 도입을 지지해왔다. 가장 성공적인 탄소거래제는 '배출총량거래제(cap and trade)'로, 이는 정치인들이 탄소 배출 최대 허용치인 총량(cap)을 정한 다음 탄소거래 시스템을 마련해 각 업계가 탄소배출권을 거래하도록(trade) 하는 것이다. 다양한 업계는 각기 다른 속도와 비용으로 탄소 배출을 줄일 수 있고, 이 거래제는 현재까지 알려진 방식 중에서 가장 비용 효율적인 접근법을 제공한다. 미국은 이산화황과 아산화질소 배출권을 거래하는 시스템을 통해 대기오염을 줄이는 데 성공한 바 있다. 미국의 1990년 대기청정법(Clean Air Act)은 모든 전력 생산시설에 이러한 오염물질을 1980년 대비 850만 톤까지 줄일 것을 요구했다. 1989년의 초기 추정치에 따르면 이 과정에 74억 달러가 쓰일 것으로 예상되었지만, 실제 규정 준수 데이터에 기반한 1998년 보고서에 따르면 10억 달러 미만이 사용된 것으로 드러났다.

현재 전 세계 탄소 배출 중 13퍼센트 이상은 국가별 혹은 지역별 탄소거래제에 의해 충당된다. 미국, 캐나다, 중국, 한국, 일본, 브라질, 아르헨티나, 남아공, 유럽연합 등이 여기에 동참한다. 유럽연합의 배출권거래제(Emissions Trading Scheme)는 가장 규모가 크고 오래된 탄소거래제이다. 20메가와트의 에너지 순이용을 차지하는 1만 1000개 이상의 시설이 여기에 참여하는데, 주로 전력·철금속·시멘트 생산시설, 정유공장, 펄프·종이·유리 제조시설 등이 포함된다. 유럽연합 배출권거래제에는 유럽연합에 포함된 28개국 전체와 아이슬란드, 노르웨이, 리히텐슈타인이 참여한다. 배출권거래제를 통해 유럽연합이 배출하는 이산화탄소의 절반과 유럽연합이 배출하는 전체 온실가스의 40퍼센트가 거래된다. '배출총량거래제'의 원칙에 따라, 각국의 시설들이 배출할 수 있는 온실가스 최대 허용치인 '총량'이 정해진다. 배출의 '허용량'은 입

찰을 거치거나 무상으로 할당되고 그 이후부터 거래된다. 시설들은 각자의 이산화탄소 배출량을 모니터링하고 보고함으로써 충분한 허용량을 배정받을 수 있게 해야 한다. 만약 이산화탄소 배출량이 허용량을 초과하면 그 시설은 다른 시설로부터 허용량을 구입해야 한다. 반대로 어떤 시설이 탄소 배출을 줄이는 데 좋은 성과를 낸다면, 그 시설은 잉여의 배출 허용량을 판매할 수 있다. 이는 정부의 과도한 개입 없이 시스템이 가장 효율적인 탄소 저감 방법을 찾아가도록 유도한다. 유럽연합 배출권거래제는 2005~2007년, 2008~2012년, 2013~2020년, 2021~2030년에 이르기까지 네 단계를 걸쳐 조정되었다. 각 단계마다 탄소배출의 허용 총량은 줄어들고, 참여하는 부문과 산업의 수는 증가해왔다. 탄소배출을 최대한 빨리 줄이기 위해 이처럼 단계적인 방식이 사용되고 있는 것이다. 2020년 추정치에 따르면, 유럽연합 배출권거래제는 2008년과 2016년 사이 10억 톤 이상의 이산화탄소 배출을 줄였으며 이는 유럽연합 전체 배출량의 3.8퍼센트에 해당한다. 하지만 유럽연합 배출권거래제는 배출 상한선이 충분히 엄격하지 않아 매우 낮은 탄소 가격으로 이어졌다는 이유로 비판을 받아왔다. 영국의 경우, 정부가 정한 최저 탄소가격인 '탄소가격 하한선'의 추가 도입이 에너지 업계의 석탄 퇴출에 중요한 역할을 하고 있다.

레드플러스(REDD+)

기후변화 협상을 통해 산림황폐화에 관한 제도를 마련하자는 아이디어가 처음으로 제안된 것은 제11차 몬트리올 당사국회의(2005년)에서였고, 이것은 RED(Reduced Emissions from Deforestation, 산지전용으로 인한 배출 감축)로 명명되었다. 유엔의 REDD(Reducing Emissions from Deforestation and Forest Degradation, 산지전용 및 산림황폐화로 인한 배출 감축) 프로그램은 제13차 발리 당사국회의(2007년)에서 원칙적인 합의를 얻었다. 이것은 이후 레드플러스(REDD+)로 다듬어졌는데, 여기서 '플러스(+)'는 '현지인과 현지 생태계, 생물다양성에 대한 보호'가 추가되었음을 의미한다. 레드플러스는 산림·생태계를 보호하고 산림녹화를 촉진하고 산림 착취로 발생하는 소득 감소로부터 숲 거주자들을 보호하고 보상을 제공할 수 있는 윈윈 해결책으로 그려진다. 각각의 레드플러스 프로젝트는 실제로 실행되고 자금 후원을 받기 앞서 윈윈의 결과를 낼 수 있을지 사전에 검증받아야 한다.

2013년 열린 제19차 당사국총회에서 REDD는 추가로 논의되었고, 숲의 변화와 성과를 감시, 측정, 보고, 검증하기 위한 '레드플러스를 위한 바르샤바 프레임워크'가 합의되었다. 레드플러스에 대한 나머지 결정들은 2015년 파리에서 열린 제21차 당사국총회에서 마무리되었는데, 여기에는 비(非)시장 접근법을 이용한 안전장치의 보고 방법과 비(非)탄소 편익을 회계 처리하는 방법이 포함되었다. 2015년에는 레드플러스에 관한 유엔기후변화협약 규정집이 완성되었다. 모든 국가는 레드플러스에 대한 이행과 지지를 권장받으며 그 내용은 파리협약 제5조에 포함되어 있다. 이는 모든 국가가 산림과 같은 자국 내 온실가스 흡수원과 저장소의 보호 및 강화를 위해 조치를 취해야 한다는 폭넓은 조항의 세부 항목이다.

미국의 비타협적 태도와 세계 금융위기의 여파로, 2009년 코펜하겐 기후회의는 교토의정서를 계승할 만한 그 어떤 합의도 내놓지 못했다. 기후 협상이 제21차 당사국총회의 성공과 파리협약 체결을 통해 제자리를 찾게 되기까지 6년이 걸렸다. 2020년 제26차 글래스고 당사국총회는 코로나19 대유행으로 연기되었지만, 세계 금융위기와 달리 전 세계 팬데믹은 기후 협상을 궤도에서 이탈시키지 않았다. 그 대신 세계 전역의 더 많은 기업, 기관, 개인 들이 팬데믹 이후의 더 살기 좋고 건강하고 안전한 세상을 요구하고 나섰다. 이는 정부, 산업, 시민사회 간의 더 나은 관계가 가능할 수 있음을 이 세계가 목격했기 때문이다. 국가나 소수집단의 경제적 편익보다 시민의 건강과 웰빙이 우선시되는 세계 말이다. 게다가 2050년까지 세계 '탄소 순배출 제로'라는 새로운 내러티브는 아주 강력하다. 이것은 우리가 탄소 배출을 얼마나 줄일 수 있느냐가

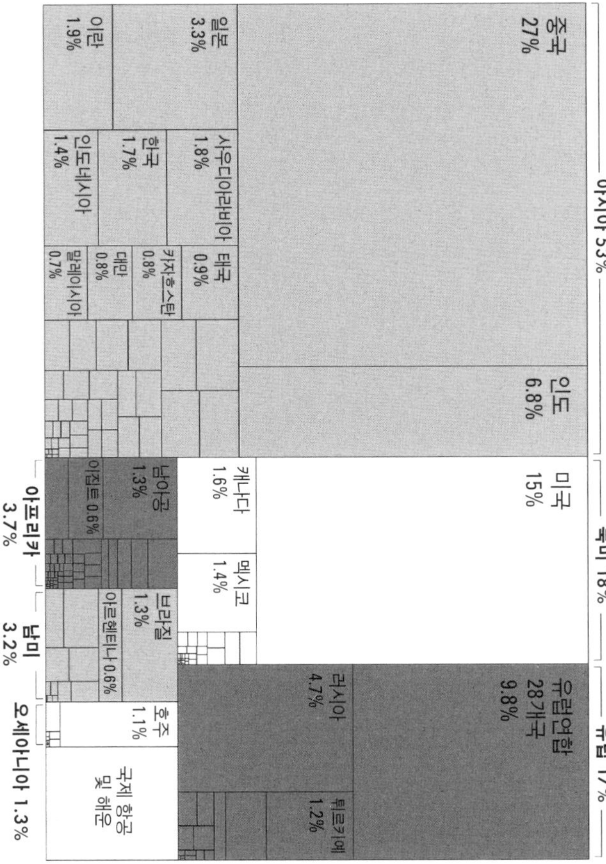

36. 국가별 이산화탄소 배출 비율.

아니라, 언제쯤 탄소 순배출을 완전히 제로로 만들 수 있느냐로 논의의 방향을 바꾼다. 이는 실로 엄청난 목표인데, 우리는 30년도 안 되는 기간 내에 이산화탄소 배출을 연간 400억 톤 이상에서 0으로 줄여야 하기 때문이다〔도판36〕. 파리협약은 우리가 기후변화 목표를 2도로 잡는다고 할지라도 여전히 전 세계의 에너지 생산, 산업, 기반시설, 개인의 행동을 완전히 뜯어고쳐야 한다는 점을 강조한다. 사실상 우리는 기후변화와의 싸움에 사용할 수 있는 모든 도구를 빠짐없이 동원해야 하는 것이다.

제 8 장

해결책

서론

기후변화를 위한 해결책은 세 가지다. 첫번째는 적응인데, 이는 기후변화의 영향으로부터 인간을 보호하는 것이다. 두 번째는 완화인데, 간단히 말하자면 우리의 탄소발자국을 줄여서 계속 증가중인 온실가스 배출의 추세를 전환시키는 것이다. 세번째는 지구공학으로, 대기 중 이산화탄소의 대규모 추출이나 세계 기후의 조정을 포함한다.

적응

기후변화는 이미 영향을 미치고 있으며 지구 기온의 지속적인 상승에 따라 정도는 더욱 심각해질 것이다. IPCC 6차

평가의 두번째 보고서는 기후변화의 영향과 국가별 환경·사회경제 시스템의 잠재적 민감도, 적응도, 취약성을 분석한다. IPCC는 우리가 기후변화에 반드시 적응해야만 하는 여섯 가지 분명한 이유를 다음과 같이 제시한다. (1) 기후변화의 영향은 온실가스 배출량이 급격히 줄어 제로에 수렴한다고 해도 피할 수 없다(4장 참조). (2) 선제적이고 예방적인 적응은 뒤늦게 급박하고 강제적으로 도입되는 해결책보다 더 효과적이고 비용 부담이 적다. (3) 기후변화는 현재의 예상보다 더 급격하고 심각할 수 있으며 예상치 못한 극단적인 사건이 발생할 수도 있다. (4) 기후 변동성과 기상이변에 잘 적응함으로써 즉각적인 편익을 얻을 수 있다(예: 폭풍우의 위험에 대처하려면 더 엄격한 건축법과 철저한 대피 훈련이 필요하다). (5) 또한 기후변화 적응을 방해하는 정책과 관행(예: 홍수 발생지 및 취약한 해안 지역에서의 건설)을 폐지함으로써 즉각적인 편익을 얻을 수 있다. (6) 기후변화는 위기인 동시에 기회다. 〔도판37〕은 국가들이 예견된 해수면상승에 어떻게 적응할 수 있는지를 보여준다.

기후변화의 가장 큰 위협은 예측 불가능성이다(6장 참조). 앞서 언급했듯이 인간은 펄펄 끓는 사막부터 꽁꽁 언 북극까지 아주 다양한 기후 속에서 살아가지만, 그것이 가능한 이유는 어떤 종류의 극단적인 날씨를 견뎌야 하는지 예측할 수 있기 때문이다. 기후변화의 영향이 커질 경우, 날씨는 더 극단적이고 예측 불가능한 방향으로 바뀔 것이다. 따라서 인류의 목숨과 생계를 지키기 위해서는 물리적 적응과 사회적 적응이 동시에 요구된다.

물리적 적응을 위해 기반시설을 어떻게 변화시킬지 고민해야 한다. 예를 들어 우리는 더 나은 호안(護岸) 시설과 더 많은 저수지를 만들거나 습지를 복구하거나 실내 냉방시설을 마련해야 할까? 많은 나라에서 이러한 대규모 기반시설 프로젝트는 계획·개발·건설을 마치는 데 30년씩 걸린다. 해수면상승 문제의 경우〔도판38〕, 적절한 대응책을 연구하고 계획하는 데 10년이 걸릴 수 있다. 대대적으로 자문을 얻고 법적 절차를 거치려면 또 10년, 이러한 변화를 실행에 옮기려면 다시 10년이 걸린다. 여기에 자연 복원을 통해 해수면 적응 프로젝트를 마무리하는 데 추가 10년이 소요될 수 있다〔도판38〕. 대표적인 사례는 현재 런던을 홍수로부터 보호하는 템스 장벽이다. 이 장벽은 1953년에 있었던 심각한 홍수 이후 건설을 시작해 31년이 흐른 1984년에서야 공식적으로 완공되었다.

우리는 사람들의 행동 변화와 사회적 적응도 고려해야 한다. 2003년 유럽의 폭염 이후, 프랑스는 위기에 대한 자국의 보건 대응을 전면 재검토했다. 대중과의 소통, 취약계층의 건강 점검, 지역적인 보건 대응, 병원 입원과 치료를 포함해 모든 것을 수정했다. 이러한 사회적 적응 조치 덕분에 추후 발생

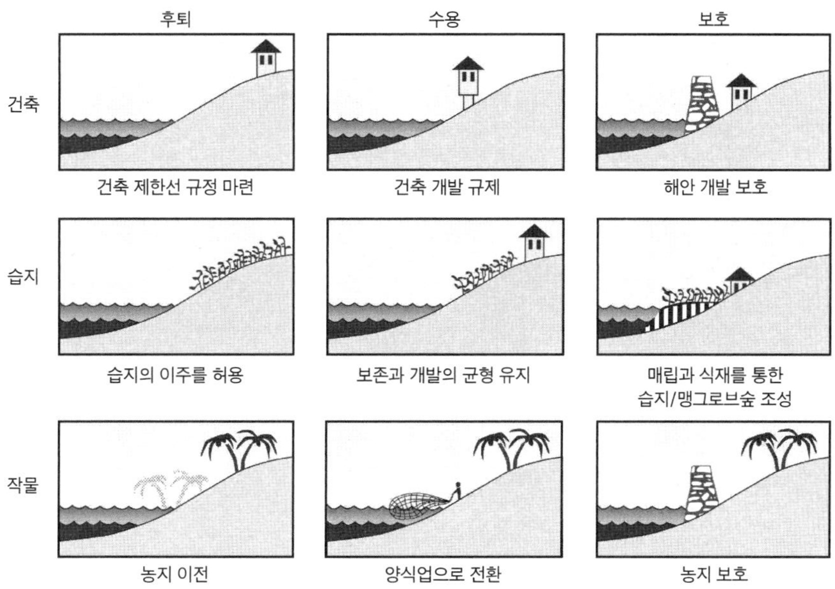

37. 미래 해수면상승 대응 전략 모델.

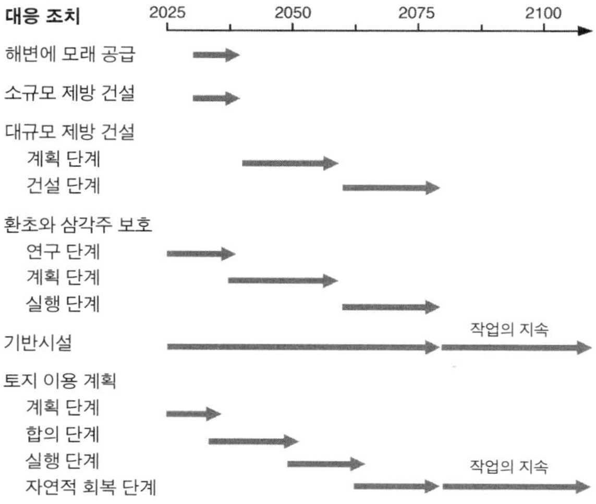

38. 기후변화 해결을 위한 대응 전략의 소요 시간.

한 폭염 사망자는 75퍼센트 이상 감소한 것으로 추정된다. 많은 나라에서 식량과 물 안보는 중요한 이슈가 될 것이고 따라서 지불 능력이 없는 사람들에게 식량과 물에 대한 접근권을 보장해주는 것은 필수적인 정책이 될 것이다. 많은 면에서 기후변화에 대한 가장 중요한 적응 대책은 훌륭한 거버넌스를 통해 사회 취약계층을 보호하는 정책을 수립하고 제정하는 것이다.

하지만 적응에는 한계가 있다. 일부 지역에서는 현재의 역량과 자금으로는 현지 거주민을 보호하기 힘든 만큼 기후변화의 영향이 심각해질 것이다. 지속적인 해수면상승은 수많은 작은 섬나라들이 거주 불가능한 땅으로 바뀌고 주민들은 이주를 선택할 수밖에 없다는 뜻이다. 2019년 조코 위도도 인도네시아 대통령은 행정수도를 자바섬의 자카르타에서 보르네오섬의 동칼리만탄으로 이전할 것이라고 발표했다. 이는 수도 집약을 완화하고 인도네시아 내 불평등을 해소하기 위한 조치이기도 하지만, 자카르타섬이 가라앉고 있기 때문이기도 했다. 현지 주민 보호를 위한 방조제가 있음에도 불구하고 자카르타 북부 지역은 매년 25센티미터가량 지반이 가라앉고 있다. 그 원인은 해수면상승과 얕은 대수층으로부터 담수를 뽑아내면서 발생하는 지반침하다.

다른 문제는 적응 조치에 당장 돈이 들어간다는 것이다. 하지만 많은 나라들은 그럴 돈이 없고 돈을 마련하려고 해도 국민들은 미래의 자신들을 보호하기 위한 증세를 꺼린다. 많은 나라의 선거 주기는 4, 5년 정도로 짧은 편이라서 정치인들은 늘 단기 대책만 고민할 뿐 장기 대책에는 무관심하며 이에 따라 적응 사업에 대한 통찰력과 투자는 제한된다. 모든 적응 사업은 지역, 국가, 전 세계가 장기적으로 지불하게 될 비용을 절약해준다는 것이 엄연한 사실임에도 불구하고 말이다.

완화

세계 탄소 배출을 2030년까지 절반으로 줄이고 2050년까지 온실가스 순배출 제로에 도달하는 목표는 결코 만만하지 않으며, 이를 위해서는 모든 해결책을 최대한 신속히 도입해야 한다. 좋은 소식도 있다. 지난 10년간 GDP 성장과 탄소 배출은 완전히 분리되었다. 전 세계 GDP가 급격히 증가한 데 반해 탄소 배출은 훨씬 더디게 증가하였다〔도판39〕. 우리가 당장 해야 할 일은 이 관계를 역전시켜 GDP가 성장하는 가운데 탄소 배출이 감소하도록 하는 것이다. 2020년, 국제에너지기구(IEA)와 국제통화기금(IMF)은 수백만 개의 신규 일자리를 창출할 수 있는 청정에너지에 대한 대규모 투자를 권고하는 보고서를 발표했다. 코로나19를 겪으면서 에너지의 생산과 사용이 탄소 배출 저감의 열쇠라는 것이 밝혀졌다. 이 보고서는 대규모 주택 개조, 화석연료 보조금 개혁, 신재생에너지 확대, 전력망에 관한 개략적인 계획을 담고 있다. 그중 일부 내용을 아래 언급한다.

대체에너지, 신재생에너지, 청정에너지

화석연료는 놀라운 발견이었다. 화석연료 덕분에 세상은 역사상 어느 시기보다 빠른 속도로 발전했다. 선진국의 높은 생활수준은 저렴하고 비교적 안전한 화석연료에 기반한다. 하지만 화석연료 연소는 세계의 기후변화라는 의도치 않은 결과를 낳았다. 따라서 21세기에 우리는 화석연료 에너지에서 저탄소 혹은 탄소중립 에너지로 전환할 필요가 있다. 여기에는 태양에너지, 바이오, 풍력, 수력, 파력, 조력이 포함된다.

태양에너지. 지구는 태양으로부터 평균 1제곱미터당 343와트의 에너지를 얻지만, 지구 전체가 받는 에너지는 태양이 발출하는 에너지의 20억 분의 1밖에 안 된다. 태양은 식물들이 수십억 년 동안 사용해온 궁극적인 에너지원이다. 현재 우리는 태양에너지를 직접 열이나 전기로 바꿀 수 있으며 바이오연료를 생산해 광합성을 통한 에너지를 저장할 수 있다. 가장

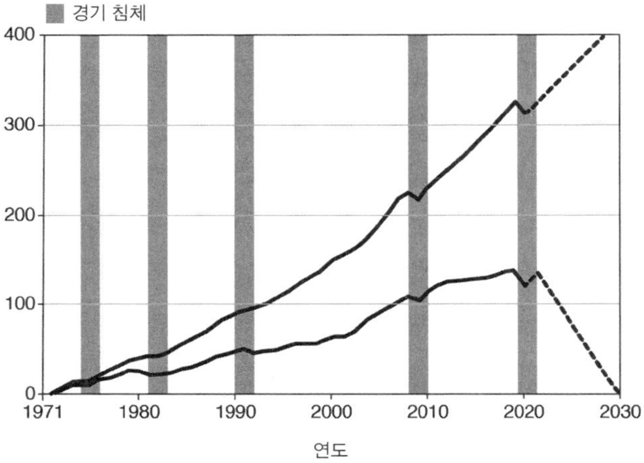

39. 1971년 이후 GDP의 성장과 탄소 배출 증가 비교.

간단한 접근법은 태양열난방이다. 작은 규모로는, 일조량이 풍부한 국가의 주택이나 건물 옥상에 태양열 난방 전지판을 설치해 탄소 배출 없이 따뜻한 샤워와 목욕을 가능하게 할 수 있다. 더 큰 규모로는, 포물면(抛物面) 거울을 이용해 태양에너지를 한곳에 집중시킴으로써 뜨겁게 데워진 액체(물이나 기름)로 터빈을 돌려 전력을 생산할 수 있다. 태양열발전소 건설을 위한 최적의 장소는 연중 구름 낀 날이 며칠 되지 않는 저위도의 사막이다. 미국 캘리포니아에는 1980년대부터 태양열발전소가 건설되었고 현재 다른 많은 나라에서도 태양열발전소가 건설중이다. 태양광선이 태양전지판에 닿으면 전위차로 인해 전류가 발생한다. 태양전지판의 큰 장점은 송전에 필요한 복잡한 시설을 생략하고 전력이 필요한 곳에 바로 설치할 수 있다는 것이다. 지난 10년간 태양전지판의 효율은 급격히 향상되었다. 상업적으로 이용 가능한 태양전지판의 최고 효율은 약 23퍼센트이며 이는 약 1퍼센트에 불과한 광합성의 효율보다 훨씬 높다. 태양전지판은 낮은 온도에서 더 잘 작동하므로 겨울철에 효율이 높아지지만, 대신 겨울에는 일조량이 적고 햇빛의 강도가 약하기 때문에 전력 생산량이 줄어든다. 막대한 기술 투자 덕분에 태양전지판의 가격도 많이 낮아졌다.

바이오연료. 이것은 태양에너지가 광합성을 통해 식물 생물량(生物量)으로 전환된 것으로, 액체연료나 고체연료를 생산하는 데 사용될 수 있다. 세계경제는 액체 화석연료를 기반으로 세워졌으며 특히 수송 분야는 화석연료 의존도가 높다. 따라서 식물에서 추출한 연료는 단기적으로 봤을 때 차량, 선박, 항공기에 동력을 공급하는 중간 단계의 저탄소 연료로 쓰일 수 있다. 궁극적으로 미래의 차는 전기차인데, 전기차의 전력은 탄소중립적인 방식으로 생산될 수 있기 때문이다. 하지만 이 에너지원은 항공기의 대안 연료가 될 수는 없다. 전통적인 항공유인 '등유'는 비교적 가볍고 에너지 생산량이 높기 때문이다. 바이오연료가 등유를 대체할 만큼 가볍고 강력해질 수 있는지에 대한 연구가 현재 진행되고 있다. 전 세계의 많은 발전소는 석탄이나 천연가스 대신 목재펠릿을 연료로 터빈을 돌려 전력을 생산할 수 있도록 개조되었다. 이를 비판하는 사람들은 목재펠릿이 지속가능하지 않으며 흔히 알려진 것만큼 탄소 배출량이 적지도 않다고 주장한다.

풍력. 풍력터빈은 사이즈가 크고 바다에 설치될 경우 효율적인 전력 생산의 수단이 된다. 최대한의 효율을 위해서는 자유의여신상 크기의 터빈이 필요하다. 런던어레이(London Array)는 템스강 하구, 켄트 해안에서 20킬로미터 떨어진 곳에 175개의 터빈으로 구성된다. 이곳은 2500메가와트 이상의 전력을 생산하는 세계 최대의 해상풍력발전단지가 될 것이다. 런던어레이는 50만 가구에 전력을 제공할 수 있으며 유해한 이산화탄소 배출을 연간 100만 톤 가까이 줄일 수 있다. 풍력터빈에는 약간의 문제도 있다. 첫째, 지속적인 전력 공급원이 될 수 없다. 바람이 안 불거나 너무 거세게 불 경우 전력이 생산되지 않는다. 둘째, 사람들은 풍력터빈을 좋아하지 않는데, 생김새가 흉하고 시끄럽고 현지 자연생태계에 해를 끼칠 수 있다고 생각하기 때문이다. 이러한 문제들은 멀리 떨어진 곳, 바다 한가운데, 과학적이거나 자연적인 관심과는 무관한 지역에 풍력단지를 조성하는 것으로 쉽게 해결이 가능하다. 최근 연구에 따르면 육지와 가까운 곳에 위치한다고 하더라도, 풍력터빈은 현지 야생동물들에게 거의, 혹은 전혀 영향을 미치지 않는다고 한다. 한 연구에 따르면 전 세계의 바람은 이론적으로 시간당 12만 5000테라와트 이상의 전력을 생산할 수 있으며 이는 현재 세계 전력 수요의 다섯 배라고 한다.

파력과 조력. 파력과 조력도 미래의 중요한 에너지원이 될 수 있다. 개념은 간단하다. 파동 형태로 된 바다의 지속적인 움직임을 전력으로 전환하는 것이다. 하지만 말처럼 쉬운 일은 아니다. 이 분야 전문가들은 파력 기술이 태양전지판 기술보다 20년가량 뒤처져 있다고 말한다. 조력은 태양에너지와 풍력보다 지속성 면에서 유리하다. 어느 나라든 에너지 공급이 지속적으로 유지되려면 최소 20퍼센트의 생산이 보장되어야 하는데, 이것이 기본 요구치다. 대체에너지로의 전환을 위해서는 이처럼 지속적으로 기본 요구치를 충족할 수 있는 에너지원이 개발되어야 한다.

수력. 수력은 세계적으로 중요한 에너지원이다. 2010년 기준으로 수력은 전 세계 에너지의 5퍼센트를 공급한다. 대부분의 전력은 대규모 댐에서 생산된다. 이러한 댐으로 인해 윤리적인 문제도 발생하는데, 댐을 건설하는 과정에서 상류의 다수 지역이 수몰되면서 많은 주민들이 쫓겨나고 지역 생태계가 파괴되기 때문이다. 강이 국경을 가로지를 경우, 물과 퇴적토의 이용권에 대한 분쟁이 발생할 수 있다. 예컨대 방글라데시가 가라앉는 이유 중 하나는 인도의 거대한 강에 건설된 여러 댐으로 인해 실트가 하류로 옮겨지지 않기 때문이다. 또한 수력발전소가 온실가스 배출 감소에 얼마나 기여하는지에 대한 논란도 있다. 수력에너지 생산 자체는 그 어떤 탄소도 발생시키지 않지만, 댐 상류의 수몰 지역에서 썩어가는 초목들은 상당한 양의 메탄을 방출하기 때문이다.

지열에너지. 우리의 발아래, 지구 깊숙한 곳에는 몹시 뜨겁고 반쯤 녹은 바위가 있다. 아이슬란드와 케냐 같은 일부 지역은 이 바위의 위치가 지표면과 아주 가깝기 때문에 그 열로 물을 데워 수증기를 만들 수 있다. 이것은 아주 훌륭한 무탄소 에너지원이다. 이 수증기를 통해 발생하는 전력 중 일부는 뜨거운 바위 쪽으로 물을 내려보내는 데 쓰일 수 있기 때문이다. 다만 안타깝게도, 이 에너지원의 이용 가능성은 지역에 따라 제한된다. 하지만 지구의 온기를 활용할 수 있는 다른 방법이 있다. 모든 새로운 건물 밑에 구멍을 뚫어 지하와 연결된 열펌프를 설치하는 것이다. 그런 다음 차가운 물을 그 구멍으로 넣어 물을 데우는 방식으로 온수 공급 비용을 절감할 수 있다. 이 방법은 전 세계 거의 모든 지역에서 사용 가능하다.

핵분열. 우라늄 같은 무거운 원자가 분열할 때 에너지가 발생하며 이것을 핵분열이라고 한다. 이 과정에 직접적으로 발생하는 탄소량은 미미하지만, 우라늄을 채굴하고 원자력발전소를 건설·해체하고 핵폐기물을 안전하게 보관하고 폐기하는 데 엄청난 양의 탄소가 발생한다. 현재 전 세계 에너지의 5퍼센트가 원자력을 통해 생산된다. 새로운 시대의 원전들은 아주 효율적이며 이론상 가능한 에너지 생산량의 거의 90퍼센트에 가까운 효율을 자랑한다. 원전의 주요 단점은 고준위방

사성폐기물이 발생하고 안전이 염려된다는 것이다. 효율 개선으로 폐기물의 양이 줄어들었고 신세대 원자로에는 첨단 안전 기능이 탑재되어 있긴 하지만 말이다. 1986년 체르노빌 원전사고와 2011년 후쿠시마원전사고는 원자력발전소가 여전히 안전하지 않으며 인간의 실수와 자연의 변덕 앞에 취약하다는 것을 보여준다. 반면 원전의 장점은 안정적으로 지속되는 것과 기본 요구치를 충족할 수 있다는 것, 충분한 시험을 거쳤으며 당장 이용할 수 있는 에너지원이라는 것이다.

핵융합. 이것은 두 개의 가벼운 원자핵이 융합하여 더 무거운 원자핵이 되는 과정에서 에너지가 방출되는 것을 의미한다. 이 과정을 통해 우리의 태양을 비롯한 모든 별들은 빛을 낼 수 있다. 해수에서 발견되는 무거운 형태의 수소, 즉 이중수소는 다른 무거운 동위원소인 삼중수소와 결합될 수 있다. 이때 발생하는 폐기물은 비방사성 가스인 헬륨뿐이다. 물론 문제는 이 원자핵들의 결합을 어떻게 유도할 것인가다. 태양의 경우, 엄청난 고압과 고온 상태인 내부에서 핵융합이 일어난다. 전 세계의 핵융합 기술이 크게 발전하긴 했지만, 지금 필요한 것은 핵융합을 상업화하기 위한 막대한 투자다.

탄소 포집 및 저장

산업공정 중간에 이산화탄소를 제거하는 것은 까다롭고 비용이 많이 들 수 있다. 가스를 제거하는 데 그치지 않고 그것을 어딘가에 저장해야 하기 때문이다. 2005년 발간된 '이산화탄소 포집 및 저장에 관한 IPCC 특별보고서'에 따르면 탄소 포집 및 저장(carbon capture and storage, CCS)에 관한 기술이 존재하긴 하지만, 완전히 통합된 CCS의 모든 요소를 파악해 미래에 요구되는 규모까지 도달하기 위한 상업적 경험은 거의 없다고 한다. CCS를 포함할 경우 전력 생산 비용은 적게는 15퍼센트, 많게는 100퍼센트까지 증가할 수 있다. 포집된 이산화탄소를 전부 어딘가에 저장해야 하는 건 아니다. 그중 일부는 원유 채굴, 식품업계, 제조화학(탄산나트륨, 요소, 메탄올 생산), 금속가공업에 사용되기도 한다. 이산화탄소는 건축자재, 용제(鎔劑), 세정제, 포장재, 폐수 처리에도 쓰인다. 하지만 현실적으로, 산업공정 과정에 포집된 이산화탄소의 대부분은 어딘가에 저장되어야 한다. 전 세계 석유·가스 매장량을 모두 태웠을 때 발생하는 이산화탄소의 3분의 2는 이론상 해당 매장지에 저장될 수 있을 것으로 추정된다. 다른 추정에 따르면, 천연가스전에서만 900억~4000억 톤, 대수층에서 추가로 900억 톤이 저장될 수 있다고 한다.

해양도 이산화탄소를 처리하는 데 쓰일 수 있다. 하이드레이트 폐기를 통해 탄소를 저장하는 방식이 있다. 이산화탄소와 물을 고압, 저온에서 섞으면 단단한 하이드레이트가 만들어지는데, 이것은 물보다 무거워서 바닥으로 가라앉는다〔도판32〕. 다른 방식은 거대한 용암 지표의 깨진 용암석들 사이로 지하 800미터까지 이산화탄소를 주입하는 것이다. 이 이산화탄소는 암석 틈에서 끓고 있는 물과 반응할 것이다. 이렇게 산성화된 물은 암석 속의 금속, 주로 칼슘과 알루미늄을 용해시킨다. 이것이 칼슘과 반응해 탄산수소칼슘(HCO_3^-)이 형성되면 더 이상 밖으로 빠져나갈 수 없게 된다. 설령 빠져나간다 하더라도 탄산수소칼슘은 비교적 무해하다. 해양 저장의 문제 중 하나는 해수가 순환한다는 것이다. 따라서 이산화탄소를 바다에 묻더라도 그중 일부는 돌아올 수밖에 없다. 게다가 과학자들은 이 방법이 해양생태계에 미칠 영향에 대해 아는 바가 거의 없다.

이러한 모든 저장 방법이 지니는 가장 큰 문제는 안전성이다. 이산화탄소는 공기보다 무겁고 질식을 유발할 수 있는 아주 위험한 기체다. 1986년 카메룬 서쪽의 니오스 호수에서 발생한 이산화탄소 분출로 인해 반경 25킬로미터에 있던 사람들까지 총 1700명 이상이 사망한 사건만 봐도 잘 알 수 있다. 비슷한 사건은 이전에도 있었지만 이토록 수많은 인간과 동물이 일시에 질식한 사건은 처음이었다. 과학자들은 호수 바닥의 화산에서 발생한 이산화탄소가 용해된 물이 호수로 흘러들었고, 호수 물의 무게에 눌린 채 깊숙한 호수 바닥에 가라앉아 있었던 것이라고 믿는다. 그러다 1986년 산사태가 발생함과 동시에 호수 물이 휘저어지면서 바닥에 갇혀 있던 이산화탄소가 일시에 방출된 것이다. 그럼에도 불구하고 미국 전역에서는 원유 탐사를 용이하게 하기 위해 엄청난 양의 오래된 이산화탄소를 파내고 있고, 지금까지 대형사고가 보고된 적은 없다. 이러한 파이프라인에서 일하는 엔지니어들은 그 파이프라인이 많은 미국 주요 도시에 깔린 가스와 원유 수송관보다 안전하다고 생각한다.

교통

온실가스 배출 완화와 관련된 가장 큰 문제는 교통이다. 현재 교통은 전 세계 온실가스 배출의 14퍼센트를 차지한다. 많은 선진국에서는 매년 경제가 성장하고 있음에도 불구하고, 에너지 생산, 비즈니스, 주거 부문의 탄소 배출이 감소하고 있다. 하지만 자동차와 항공처럼 교통을 통한 탄소 배출은 여전히 증가하고 있다. 개발도상국 국민도 선진국 수준의 자동차 소유와 해외여행을 열망하므로, 교통을 통한 탄소 배출은 크게 증가할 가능성이 있다.

전기차는 주행거리와 성능 면에서 지난 10년간 크게 발전해왔고 미래의 대표주자라는 것이 일반적인 평가다. 이러한 인식은 2020년 코로나19 팬데믹으로 인해 더욱 강해졌다. 대대적인 봉쇄 조치로 차량 통행이 줄어들자 대기의 질이 크게 개선된 것을 모두가 실감했기 때문이다. 모든 차량을 당장 전기차로 전환한다면 대기오염의 50퍼센트가 감소할 것이다. 타이어, 브레이크 패드, 아스팔트 도로의 지속적인 마모도 대기오염을 발생시키며 이것이 나머지 50퍼센트를 차지한다. 전기차가 탄소 배출 저감에 미치는 영향은 지대할 수 있지만, 우선 저탄소 혹은 탄소중립 전력의 공급이 보장되어야 한다. 영국은 2034년부터 전기차만 판매할 것이고 2040년부터는 화석연료 차량의 운행을 금지할 것이다. 미국 캘리포니아에서는 2035년부터 탄소 배출을 하지 않는 차량만이 신규 승용차로 판매될 수 있다.

국제 해운과 항공은 연간 지구 온실가스 배출량의 3.2퍼센트를 차지한다. 항공기는 기후변화 운동가들의 손쉬운 표적이 되었는데, 국제선 항공편은 눈에 띄는 소비의 상징이자 지금까지 국제조약을 통해 다루어진 적이 없었기 때문이다. 항공기의 탄소 효율을 향상시켜 궁극적으로 가장 탄소중립에 가까운 상태까지 끌어올리기 위해서는 인센티브가 필요하다. 근본적인 문제는 국제조약이 현재 항공연료에 대한 과세를 금지하고 있다는 것이다. '시카고협약'이라고도 알려진 국제민간항공협약은 1944년 체결되었고 여덟 차례 개정되었다. 이 협약은 여러 나라를 연결하는 항공기와 관련된 법과 규제를 담고 있다. 또한 연료, 오일, 예비 부품, 일반 장비, 항공기 매장은 어떤 형태의 세금도 적용받지 않는다고 명시하고 있으므로 효율 개선을 위해 필요한 항공연료에 대한 탄소세 과세도 현재로서는 불가능하다. 안타까운 일이다. 지금보다 훨씬 더 효율적인 항공기를 만들 수 있는데다 항공연료에 대한 대체연료도 존재하기 때문이다. 바이오연료는 전통적인 항공연료인 등유에 섞는 첨가제로 개발되거나 아니면 등유의 대체제로 개발될 수 있다. 또한 대기에서 추출한 이산화탄소를 물과 결합시켜 인공 등유를 만드는 것도 가능하다. 여기에는 엄청난 에너지가 소요되지만 신재생에너지로 생산한 전력이 곁들여진다면 탄소 네거티브 항공연료도 가능할 수 있다. 하지만 이것도 인공 등유 개발의 비용 효율성을 높여줄 수 있는 규제 혹은 탄소세가 도입될 때에만 가능한 일이다. 단기적으로 항공연료를 대체할 수 있는 실질적인 해결책이 없으므로 항공사들은 탄소 거래에 동참하고자 한다. 이 방식을 통해 항공사들은 다른 곳에서 비슷한 양의 탄소 배출을 줄여 항공기 운항을 통한 탄소 배출을 '상쇄'할 수 있다.

다른 대안은 사람들에게 개인 차량이나 비행기 대신에 대중교통을 이용하도록 설득하는 것이다. 저렴하고 편리한 전기버스, 택시, 지하철, 철도를 제공하면 분명 자동차 여행의 횟수를 줄일 수 있을 것이다. 대중교통은 화물과 상품 운송에도 도움이 될 수 있는데, 국내외를 연결하는 철도망은 밤에도 이용할 수 있기 때문이다. 970킬로미터보다 가까운 미국 도시들 간의 국내 항공편은 시속 320킬로미터 이상의 초고속 전동열차로 대체될 수 있으며 이는 더 빠르고 안전하고 깨끗한 이동수단이 될 것이다. 초고속 전동열차는 미국 국내 항공의 80퍼센트를 대체할 수 있겠지만, 이를 위해서는 동부 해안과 서부 해안을 종단하면서 시카고와 애틀랜타라는 두 거점 도시를 연결해주는 철도망이 필요하다. 이런 초고속 철도망은 일본, 한국, 중국의 일부 지역, 유럽연합에 이미 존재한다. 이를 전 세계 곳곳으로 확장할 필요가 있다.

2020년 1월 시작된 코로나19 팬데믹으로 인터넷과 화상회의의 사용이 폭증했다. 많은 직장인들이 재택근무에 돌입하자 통근 인파의 상당 부분이 줄어들었다. 또한 대규모 과학 컨퍼런스를 비롯한 여러 국제회의가 원격접속 기술을 통해 성공적으로 개최될 수 있음이 밝혀졌다. 이것이 장기적인 국내외 여행 감소로 이어진다면, 교통으로 인한 탄소 배출을 줄이는 일은 훨씬 용이해질 것이다.

화석연료 보조금

탄소 배출 저감과 관련된 중요한 정치적 문제 중 하나는 에너지 보조금이다. 첫째, 석유, 가스, 석탄을 상대적으로 저렴하게 만드는 막대한 화석연료 보조금이 있다. 둘째, 신재생에너지를 경쟁력 있는 속도로 개발·공급하기 위해 에너지 기업에 지급되는 보조금이나 세제 혜택에 대한 저항이 있다. 국제통화기금(IMF)의 최근 보고서에 따르면, 화석연료 업계는 연간 5조 2000억 달러 이상(영국 연간 GDP의 거의 두 배)의 보조금을 지급받는다고 한다. 여기에는 직접 지급, 세금 감면, 소매가격 인하, 기후변화 피해 비용이 포함된다. 이중에 각국 정부들은 연간 최소 7750억~1조 달러를 보조금 형태로 지급하고, 최소 4440억 달러를 석유, 가스, 석탄 기업에 직접 지불해 탐사, 채굴, 개발을 지원한다. 화석연료와 관련된 보안 비용도 어마어마하다. 여러 국가의 외교 정책 및 군사 전략에는 화석연료 운송선 보호 임무가 포함된 경우가 많다. 미군은 석유 공급을 보호하기 위해 매년 최소 810억 달러를 투자한다. 이에 반해 풍력터빈 공급망이나 태양전지판을 위한 전략적 실리콘 비축분을 방어하는 항공모함은 없다. 국제통화기금의 보고서에 따르면 화석연료는 전 세계 보조금의 85퍼센트를 차지하며 국내 정책의 큰 부분을 차지한다. 국제통화기금은 각국이 2015년에 보조금을 낮추고 효율적인 화석연료 가격 정책을 도입했더라면 "세계 탄소 배출을 28퍼센트 줄이고 화석연료발 대기오염 사망률을 46퍼센트 낮추며, 정부 세입을 GDP 대비 3.8퍼센트 늘릴 수 있었을 것"이라고 한다. 화석연료는 환경뿐 아니라 경제에도 악영향을 미치는 듯하다.

그렇다면 화석연료 보조금은 왜 끈질기게 유지되는 것일까? 이것은 주요 원유 및 가스 회사의 소유주가 누구인지와 연관이 있을지도 모른다. 상위 26개 원유 및 가스 회사 중 민간 기업은 일곱 곳뿐이고, 나머지 19개 회사는 지분의 전부 혹은 일부를 국가가 소유하고 있다. 이 국유기업들은 해당 국가를 위해 엄청난 돈을 벌어들이고 있으며 따라서 다른 원유 및 가스 생산국과 경쟁할 수 있도록 보조금과 세금 감면 등의 국가 지원을 계속 받는다. 이 현상은 미국과 영국 등 많은 나라가 프래킹과 셰일가스 혁신으로 새로운 천연가스 매장지를 발견하면서 더욱 악화되고 있다.

탄소 거래, 과세, 상쇄

탄소 순배출을 줄이기 위한 세 가지 주요 정책적 접근법이 있다. 탄소 배출을 줄이는 첫번째 방법은 많은 양의 탄소를 배출하는 활동과 상품에 탄소세를 부과하는 것이다. 대다수 경제학자들은 탄소세가 탄소 배출 저감을 위한 가장 효과적이고 효율적인 수단인 동시에 경제적 악영향이 가장 적다는 데 동의한다. 이 탄소세가 역진세(逆進稅)가 되지 않으려면 탄소세로 인해 가장 피해를 입게 될 가장 가난한 사람들을 돕는 데 이 세금이 사용되어야 한다. 탄소세는 25개국에서 실시되고 있고 46개국은 세금이나 탄소배출권거래제 등 어떤 형태로든 탄소에 가격을 부과하고 있다.

두번째 접근 방식은 7장에서 논의한 바 있는 탄소 거래다. 이 경우에는 탄소 배출 허용량 부과를 통해 탄소 배출을 제한한다. 탄소 거래는 혁신을 주도하고 비용을 낮출 수 있다. 또한 신재생에너지와 탄소 포집 및 저장의 경제성을 높일 수 있다. 일부 탄소배출권거래제는 기업들이 국내외적으로 탄소 배출 상쇄분을 구입해 전체 배출량을 조정할 수 있도록 허용한다.

탄소 상쇄는 이산화탄소를 비롯한 온실가스 배출을 감축하여 다른 곳에서 발생하는 탄소 배출량을 보상하는 것을 의미한다. 여기에는 산림녹화 프로그램을 통한 탄소 저장량 증가 혹은 석탄 화력발전소 폐쇄를 통한 탄소 배출량 저감 등의 방법이 있다. 탄소 상쇄 시스템은 크게 두 가지가 있는데, 하나는 유엔 청정개발체제이고 다른 하나는 자발적 시장이다. 청정개발체제는 7장에서 설명했으며 여기에는 엄청난 양의 온실가스 저감을 위해 개발도상국에 자금을 지원하는 유엔 승인 프로그램이 포함된다. 이 자발적 시스템은 그 규모가 2008년에 정점을 찍고 잠시 주춤했으나 2018년 이후 상당한 성장세를 보이고 있다. 그 이유는 전 세계 많은 기업들이 과학에 기반한 목표, 다시 말해 늦어도 2050년까지 탄소중립으로 나아가겠다는 목표를 채택한 덕분이다. 이지젯, 영국항공, 에미레이트를 비롯한 15개 항공사가 여기에 동참하고 있으며 이들은 모두 대규모 탄소 상쇄 계획을 발표했다.

상쇄는 중요한 정책 도구이며 특히 지금 당장 탄소를 줄이는 것이 어려운 분야에서 전체 배출량을 줄이는 데 도움이 될 수 있다. 탄소 상쇄의 적절한 모니터링과 검증을 보장하기 위해 새로운 국내외 규제가 필요하다. 또한 기업들이 탄소 배출 중단에 대한 인센티브를 얻기 위해 일부러 탄소 배출을 만들어내는 등 시스템을 조작하는 일이 없도록 철저한 감시가 필요하다. 예컨대, 한 중국 기업은 냉장고의 제조시 발생하는 수소화플루오린화탄소(HFC)를 태우는 소각로를 500만 달러에 설치해 탄소 상쇄 시스템 내에서 5억 달러를 벌어들였다. 많은 기업들이 이 방식을 모방했고 수소불화탄소는 이제 더는 상쇄 방식에 포함되지 않는다.

산림녹화와 재야생화

대기 중 이산화탄소를 제거하는 가장 중요한 방법 중 하나는 산림녹화와 재야생화(rewilding)다. 농경문화가 시작된 이래, 인류는 3조 그루의 나무—지구상 모든 나무의 절반가량—를 베어왔다고 추정된다. 따라서 우리는 지구가 훨씬 더 넓은 산림면적을 감당할 수 있다는 것을 알고 있다. 야생동물 서식지 복구와 산림녹화는 지구가 이미 야생의 공간으로 바뀌어가고 있으므로 향후 더 쉬워질 것이다. 현재 78억 명인 지구 인구가 2050년이면 100억 명으로 늘어날 예정임을 감안할 때, 이 말은 이상하게 들릴 수 있다. 하지만 2050년쯤이면 인류의 70퍼센트는 시골 지역을 떠나 도시에서 살게 될 것이고 그렇게 남겨진 시골은 생태계 복구를 시도하기에 적합한 땅이 될 것이다. 이미 유럽에서는 2000년과 2015년 사이에 연간 220만 헥타르의 산림이 새로 조성되었다. 스페인의 산림면적은 1900년에 국토의 8퍼센트였지만 오늘날 25퍼센트로 증가했으며 영국의 산림면적은 1차대전 이후 최저치인 5퍼센트를 찍었다가 오늘날 13퍼센트까지 회복했다.

대규모 산림녹화는 허황된 꿈이 아니다. 그것은 사람들에게 실질적인 이익을 줄 수 있다. 1990년대 말, 중국 서부의 환경이 심각한 수준으로 악화되면서 광대한 지역이 1930년대 미국 중서부의 더스트볼〔dust bowl, 모래바람이 자주 발생하는 로

키산맥 동쪽의 산록 분지)처럼 변했다. 이에 따라 1억 헥타르 넘는 땅을 녹화하는 것을 목표로 여섯 개의 과감한 프로그램이 실시되었다. 이중 가장 규모가 크고 잘 알려진 프로그램이 '그레인 포 그린(Grain for Green)'이다. 이 혁신적인 조림 프로그램은 나무가 토양을 안정시켜 토양 침식 및 홍수 피해를 줄이면서 놀라운 효과를 발휘했다. 나무는 증산작용을 통해 대기에 수분을 공급해서 수분 증발과 손실을 줄인다. 숲이 일정 수준의 면적과 밀도에 도달하면 강수량도 안정화된다. 이 모든 영향이 더해져 지역 농업생산량이 증가하는 결과를 낳았다. 현재 진행중인 이 프로그램은 토지 일부를 산림녹화용으로 사용하는 농부들에게 직접 돈을 지불하므로 빈곤 완화에도 도움을 준다. 이것은 탄소 저장량을 늘리고, 지역 환경을 개선하고, 극심한 빈곤 해소에 도움을 주는 등 기후변화가 요구하는 윈윈 해결책의 훌륭한 사례이다.

연구자들은 2019년 〈사이언스〉에서 대략 미국의 크기에 해당하는 9억 헥타르의 땅에 나무 1조 그루를 심으면 2050억 톤의 탄소를 저장할 수 있다고 주장했다. 이것은 인류가 지금껏 대기에 배출한 탄소의 3분의 2에 해당한다. 이 '나무 1조 그루'라는 구절은 대중의 상상력을 사로잡았고, 심지어 트럼프 미국 대통령도 다보스 회담에서 훌륭한 아이디어라고 말했다. 유일한 문제는 이처럼 높은 탄소 저장량을 도출한 연구에 근본적인 오류가 있으며, IPCC와 다른 연구들에 따르면 새로운 숲이 이번 세기말까지 평균 570억 톤의 탄소를 추가로 저장할 수 있다는 것이다. 이것도 여전히 큰 숫자이지만, 인류는 매년 110억 톤의 탄소를 대기 중에 배출하므로 이는 인류가 배출하는 탄소의 5년 치에 불과하다. 따라서 산림녹화는 화석연료 사용을 급격하고 신속하게 줄이는 것에 대한 대안이 될 수 없다. 하지만 우리는 이번 세기에 지구온난화의 수준을 1.5도 이하로 유지하기 위해 탄소 네거티브에 도달해야 하며, 탄소 네거티브 달성을 위한 핵심 전략 중 하나가 바로 산림녹화다.

이미 63개국이 3억 5000만 헥타르의 황폐지를 산림으로 복원하겠다는 내용의 본 챌린지(Bonn Challenge)에 참여했다. 이는 영국 면적의 15배에 해당한다. 하지만 다른 문제가 있다. 대규모 산림녹화는 지구촌의 기존 산림면적이 유지되거나 확대될 때에만 효과를 낼 수 있다. 앞서 언급한 바와 같이, 세계 최대 규모인 아마존 우림의 벌채는 극우 성향의 자이르 보우소나루 브라질 대통령이 집권한 이후 더욱 증가했다. 현재 추정치에 따르면 1분마다 축구장 면적의 열대우림이 사라지고 있다.

산림녹화와 조림사업은 이용 가능한 토지 면적 때문에 근본적으로 제한될 수밖에 없으며 나무는 한정된 양의 탄소만을 저장할 수 있다. 산림녹화가 늘 최선의 선택일 수는 없기 때문에 산림녹화와 더불어 '재야생화'라는 용어가 쓰인다는 것을 기억해야 한다. 가령 습지나 이탄지(泥炭地)에서 물을 빼낸 후 녹지를 조성할 경우, 탄소 저장량이 오히려 줄어들고 생물다양성이 크게 훼손되는 역효과가 발생한다. 따라서 세계 각 지역마다 가장 적절한 복원 프로젝트를 도입해야 한다. 이것은 습지를 복원하거나 이탄지를 보존하거나 맹그로브숲을 재조성하거나 초지를 유지하는 것일 수도 있다. 산림녹화에 적합한 땅이 있다면, 현재와 미래의 기후를 고려해 그 지역에 가장 적절한 수종을 선택하고 생물다양성과 생태계가 제공하는 서비스를 확대하는 방안을 고민해야 한다. 본 챌린지에 대한 비판 중 하나는 공약의 절반가량이 대규모 상업용 조림계획이라는 것이다. 상업용 조림지에서는 목재 생장 기간에만 탄소가 저장될 뿐이고 벌채 후에는 대부분 원점으로 돌아간다. 또한 어떤 경우가 되었든 단일재배는 생물다양성을 저해한다.

지구공학 또는 기술적 해결책

지구공학은 대기 중 온실가스를 제거하거나 지구 기온을 변화시키기 위해 사용되는 기술을 일컫는 일반적인 용어이다

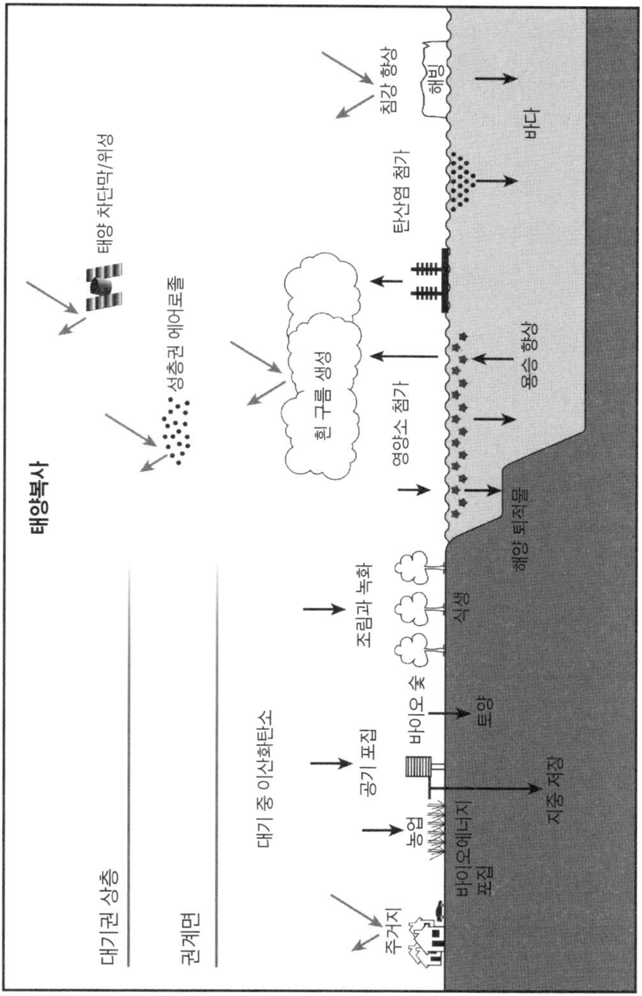

40. 지구공학 해결책의 종류.

〔도판40〕. 지구공학과 관련된 아이디어는 아주 합리적인 것부터 완전히 제정신이 아닌 것까지 그 종류가 다양하다. 지구공학은 대대적인 온실가스 배출 저감을 대체할 수 있는 기술이 아니다. 그 대신 지구공학 해결책을 인류가 신속히 온실가스 배출을 줄일 능력이나 의지가 없을 경우 사용할 수 있는 대비책으로 여겨진다.

이산화탄소 제거. 대기 중 이산화탄소를 제거하고 저장하는 방법은 주로 세 가지로 나뉜다. 그것은 생물학적, 물리적, 화학적 방식이다.

(1) **생물학적 이산화탄소 제거**. 일부 연구자들은 지구공학에 보다 합리적인 빛깔을 입히기 위해 산림녹화와 재야생화도 지구공학 포트폴리오에 포함시키려고 한다. 하지만 이러한 방식들은 필수적인 공학적 요건을 충족하지 않기 때문에 부적절해 보인다. 이산화탄소의 생물학적 흡수를 증가시키기 위한 한 가지 방법은 철분으로 바다를 비옥하게 만드는 것이다. 해양학자 고(故) 존 마틴은 지구의 바다 대다수가 필수적인 미세 영양소의 부족 탓에 충분한 생산을 하지 못한다고 말했다. 그중 가장 중요한 건 식물이 지표수에서 자라도록 돕는 철분이다. 해양식물에게는 소량의 철분이 필요하며 철분

이 없으면 식물이 생장할 수 없다. 많은 바다의 경우 육지로부터 철분을 머금은 먼지가 날아오지만, 태평양과 남대서양의 넓은 면적은 먼지를 충분히 받지 못해 철분이 부족한 상태이다. 마틴은 우리가 철분으로 바다를 비옥하게 만들어 해양 생산성을 끌어올릴 수 있다고 제안했다. 이 추가적인 광합성을 통해 더 많은 지표수 이산화탄소를 유기물질로 전환할 수 있다. 이 유기물이 죽으면 유기물질이 바다 밑바닥으로 가라앉게 되고 그 추가적인 이산화탄소는 퇴적물 속에 저장된다. 지표수 이산화탄소는 줄어든 만큼 대기 중 이산화탄소로 채워진다. 간단히 말해, 전 세계의 바다를 비옥하게 만드는 것은 대기 중 이산화탄소를 제거하고 그것을 심해퇴적물 속에 저장하는 데 도움이 될 수 있다. 이 가설의 검증하기 위해 바다에서 실험을 진행했더니 각양각색의 결과가 나왔다. 어떤 실험에서는 실효가 전혀 없는 것으로 나왔고, 다른 실험에서는 필요한 철분의 양이 어마어마하다고 밝혀졌다. 하지만 가장 큰 문제점은 우리가 철분 공급을 중단할 경우, 추가로 저장된 이산화탄소의 대부분이 방출된다는 것이다. 이는 매년 유광층을 벗어날 수 있는 유기물이 아주 적기 때문이다. 또한 해양시비(施肥)는 해양생태계와 생물다양성에 지대한 영향을 미칠 수 있다. 그것은 의도적인 대규모 부영양화이기 때문이다.

(2) **물리적 이산화탄소 제거**. 이산화탄소를 공기 중에서 직

접 제거하는 것도 가능하다. 하지만 이산화탄소가 대기의 0.04퍼센트에 불과하다는 것을 고려할 때, 이것은 생각보다 훨씬 힘들고 비용이 많이 드는 작업이다. 초기의 아이디어는 인공 나무나 플라스틱 나무를 생산하는 것이었다. 이론물리학자 클라우스 래크너(Klaus Lackner)와 공학자 앨런 라이트(Allen Wright)는 기후학자 월리 브뢰커(Wally Broecker)의 도움을 받아, 대기 중의 이산화탄소를 흡수해서 잡아두는 플라스틱을 설계했다. 이 이산화탄소는 이후 플라스틱으로부터 분리되어 저장될 수 있다. 첫번째 문제는 물인데, 이 플라스틱은 젖어 있을 때 용액의 형태로 이산화탄소를 내보내기 때문이다. 따라서 플라스틱 나무는 아주 건조한 지역에 설치되거나 초대형 우산과 함께 설치되어야 한다. 두번째 문제는 이 플라스틱 나무를 설치·운영하고 이산화탄소를 저장하는 데 드는 막대한 에너지다. 세번째 문제는 규모인데, 미국이 배출하는 탄소를 처리하는 데만 해도 수천만 그루의 초대형 인공 나무가 필요하기 때문이다. 일반 나무 대비 인공 나무의 장점은 한 번의 생장 주기에 국한되지 않고 이론상 이산화탄소를 무한정 저장할 수 있다는 것이다. 이산화탄소를 배출원이나 대기로부터 제거하는 다른 기술들도 현재 빠르게 개발되고 있다. 예컨대 클라임웍스(Climeworks)는 초대형 선풍기를 이용해 대기 중의 이산화탄소를 직접 모아 순수한 형태의 이산화탄소로 만든 뒤 산업공정에 이용하거나 심지어 인공 연료를 만들고자 한다. 이 기술은 현재 공학 기술의 영역이 아니라 비용과 자금 조달의 문제에 가깝다.

(3) **화학적 이산화탄소 제거.** 이산화탄소는 수천만 년에 걸친 풍화작용으로 인해 대기로부터 자연적으로 제거되기도 하는데, 그 속도는 연간 1억 탄소톤 정도이다. 하지만 이는 우리가 배출하는 이산화탄소 양보다 100배 적은 수준이다. 오직 규산염광물의 풍화작용만이 대기 중 이산화탄소를 제거할 수 있으며 탄산에 의한 탄산염암의 풍화작용은 이산화탄소를 대기로 내보낸다. 규산염광물에 영향을 미치는 가수분해 반응의 부산물은 탄산수소칼슘인데, 이것은 해양 플랑크톤의 대사작용에 의해 탄산칼슘으로 바뀐다. 해양 생물군의 골격 잔해는 궁극적으로 심해 퇴적물과 함께 묻히고, 따라서 그 잔해가 묻힌 해양지각의 수명 주기 동안 생지화학적 탄소순환에서 배제된다.

이러한 자연적 풍화반응을 촉진하기 위한 지구공학 아이디어는 다양하다. 한 가지 방법은 농업에 사용되는 토양에 규산염광물을 첨가하는 것이다. 이렇게 하면 대기 중 이산화탄소를 흡수해 탄산염광물과 탄산수소칼슘으로 고정시킬 수 있다. 이 작업은 매우 큰 규모로 이루어져야 하고, 토양과 토양 생산성에 미치는 영향은 아직 알려져 있지 않다. 다른 방법은 지각의 현무암 및 감람석과 이산화탄소의 반응 속도를 끌어올리는 것이다. 농축된 이산화탄소를 땅속에 주입해 지하 깊숙한 곳에 탄산염을 만들어내는 원리이다. 이러한 방식의 대표적인 사례는 아이슬란드의 온 파워(ON Power) 지열발전소로, 이곳에서 친환경기업 카브픽스(CarbFix)는 클라임웍스로부터 공급받은 농축 이산화탄소를 지하 현무암층에 주입하고 있다. 신재생 지열에너지는 이산화탄소의 직접적인 포집 및 주입을 위한 에너지를 제공하며, 초기 추정치에 따르면 이 시스템은 연간 4000톤의 이산화탄소를 대기 중에서 영구 제거할 수 있을 것으로 보인다. 조금 더 정리하자면, 아이슬란드가 자국의 연간 총 이산화탄소 배출을 제거하려면 이러한 발전소가 1000개 필요하다. 긍정적인 측면은 이 방식이 우리에게 이미 검증되고 안전한 이산화탄소 포집 및 저장 시스템을 제공한다는 것이다.

태양복사 관리. 지구에 도달하거나 흡수되는 햇빛의 양을 줄이면 총에너지 양이 줄어들어 지구 기온이 조금 내려갈지도 모른다. 앞서 언급한 바와 같이, 일부 지구공학 해결책은 현재 아이디어 단계에 불과하고 조금이라도 실현 가능성을 획득하려면 엄청난 고민을 거쳐야 한다. 태양복사 관리에 관한 아이디어들이 특히 그러한데, 이들 중 상당수는 형편없는 B급 할 리우드 영화의 소재처럼 들린다. 그중 한 가지는 지구의 알베도(4장 참조)를 변화시켜 우주로 반사되는 태양광의 양을 늘림으로써 지구온난화의 균형을 바로잡는 것이다〔도판40〕. 알베도를 증가시키기 위한 방안으로는 우주에 거대한 거울 설치하기, 대기 중에 에어로졸 주입하기, 작물이 햇빛을 더 많이 반사하게 만들기, 모든 지붕을 흰색으로 칠하기, 흰 구름의 양 늘리기, 전 세계 사막의 넓은 면적을 반사도가 높은 폴리에틸렌 알루미늄 시트로 덮기 등이 거론된다.

이 모든 접근법의 근본적인 문제는 이것이 기후에 미칠 영향을 예측할 방법이 없다는 것이다. 애리조나대학교 천문적응광학센터(Centre for Astronomical Adaptive Optics)의 센터장 로저 에인절이 제안한 우주 거울 아이디어를 한번 살펴보자. 우선 너무 많은 비용이 든다. 여기에 필요한 16조 개의 가벼운 원반들의 제작비는 최소 1조 달러이고 이를 로켓으로 쏘아 올리는 데는 30년이 걸린다. 둘째, 지구의 알베도를 바꾸는 다른 모든 지구공학 아이디어와 마찬가지로, 이것은 우리가 기대한 효과는 내지 않을지도 모른다. 이러한 방법들은 지구의 평균 온도를 끌어내리는 것을 목표로 하지만, 위도별 기온 분포를 변화시켜 기후를 바꿔놓을 수 있다. 일부 기후모델은 이러한 접근법들이 지구 기후를 다른 방식으로 바꿔놓을 것이라고 말한다. 적도의 기온은 1.5도 낮아지고, 고위도의 기온은

1.5도 더 올라가고, 전 세계 강수량은 예측하기 힘들 정도로 각양각색으로 달라질 수 있다는 것이다.

지구공학 거버넌스

지구공학과 관련된 중요한 문제 중 하나는 세계의 기후시스템에 영향을 미치는 다양한 집단, 기업, 국가를 어떻게 통치하느냐다. 지역 및 세계 기후의 인위적인 변화가 여러 국가에 각기 다른 영향을 미칠 수 있음을 감안할 때 수많은 중차대한 윤리적 문제가 발생한다. 전반적으로 긍정적인 영향이 크지만, 강우 패턴의 사소한 변화로 인해 일부 국가는 폭우나 가뭄의 피해를 입을 수 있다. 지구공학에는 세 가지 주요 관점이 있다. (1) 지구공학은 우리가 2050년까지 탄소 순배출 제로에 도달할 수 있도록 유엔기후변화협약 협상이 속도를 낼 때까지 시간을 벌어줄 수 있는 방법이다. (2) 지구공학은 지구 시스템을 위험하게 조작하는 것이며 본질적으로 비윤리적일 수 있다. (3) 지구공학은 엄밀히 말해, 우리의 완화 및 적응 노력만으로는 충분하지 않을 때 이를 보완해줄 수 있는 보험 정책이다. 연구가 지속되고 지구공학 해결책이 필요한 날이 오더라도, 현대 기술의 떠오르는 여러 분야와 마찬가지로, 새롭고 유연한 거버넌스와 규제 시스템이 요구될 것이다. 현재 지구공학에 관련된 많은 국제조약이 있으며 여기에는 단일 법규가 적용되지 않는 듯하다. 따라서 기후변화와 마찬가지로 지구공학은 우리의 민족국가 세계관에 제동을 걸고 있으며, 앞으로는 새로운 통치 방식이 요구될 것이다.

기후변화 문제를 해결하려면 두 가지 근본적인 사안을 해결해야 한다. 첫째는 어떻게 최빈국들의 경제성장을 허용하면서 우리의 온실가스 순배출을 제로로 만드느냐이다. 세계 인구는 현재 78억 명을 조금 넘겼고 2050년까지 100억 명으로 증가한 뒤 안정기를 맞을 것으로 예상된다. 이는 선진국 국민과 같은 생활수준을 원하는 사람이 80억 명으로 증가한다는 의미이며, 이러한 소비 열망을 충족하기 위해 이전의 개발 노선을 취한다면 이번 세기에 온실가스 배출이 급증할 위험이 있다. 두번째는 우리 사회가 미래에 훨씬 더 큰 비용을 지불하는 대신 지금 당장 비교적 적은 비용, 즉 세계 GDP의 1~3퍼센트 정도를 지불할 준비가 되어 있느냐다. 그럴 의사가 있다면, 우리에게는 인류를 기후변화로부터 보호하는 동시에 향후 80년간의 대규모 온실가스 배출을 완화할 수 있는 기술이 있다. 에너지 효율, 신재생에너지, 탄소 포집 및 저장, 탄소 거래, 상쇄가 빠짐없이 동원되어야 한다. 우리는 '혁신적인 기술', 다시 말해 지금껏 한 번도 떠올리지 못했지만 우리의 에너지 생산 및 소비 방식을 바꿀 수 있는 신기술도 고려해야 한다. 예를 들어 우리 중 대다수는 휴대전화나 컴퓨터가 없는 삶을 상상할 수 없지만, 이러한 기술이 도입된 것은 불과 몇십 년밖에 되지 않으며 이는 우리의 적응 속도가 얼마나 빠른지 잘 보여준다. 우리의 에너지 소비 방식 및 개인적인 생활 방식 변화와 관련하여 큰돈을 벌 수 있는 기회가 무궁무진하다. 9장에서 자세히 소개하겠지만, 지구 기후를 안정화하는 동시에 삶의 질을 끌어올릴 수 있는 이른바 윈윈 해결책도 많을 수 있다.

제 9 장

우리의 미래 바꾸기

서론

기후변화라는 난관은 오늘날의 지배적인 정치·경제적 지형 안에서 살펴봐야 한다. 우리가 탄소 배출의 근본적인 사회·경제적 원인을 이해할 수 있어야만 신속한 탄소 배출 저감을 위한 시스템을 구축할 수 있을 것이다. 우리는 기후변화와 싸우는 동시에 세계 빈곤 및 불평등, 환경 파괴, 세계 안보 불안과 같은 다른 전 세계적 문제도 해결해야 한다. 미래의 정치와 국제협약은 21세기 인류가 직면한 가장 큰 도전들에 대처하는 윈윈 해결책을 제공할 수 있어야 한다.

지구 차원의 관리

과학자들은 기후변화를 증명하는 방대한 증거에도 불구하고 계속해서 기후변화를 부정하는 소수의 목소리 큰 유력 인사 때문에 골머리를 앓고 있다. 과학자들은 더 많은 증거를 수집하며 그들에게 대응해왔다. 이런 상황을 '결핍 모델(deficit model)' 대응이라고 부르는데, 과학자들은 정보가 부족해서 기후변화 완화를 위한 조치가 취해지지 않는다고 여기는 것이다.

하지만 사회과학자들은 기후변화를 인정하는 것은 과학과는 전혀 무관하고 순전히 정치와 관련되어 있음을 발견했다. 기후변화를 인정하는 것은 많은 주류 경제학자와 정치인이 견지하는 영미권의 신자유주의 관점과 충돌하기 때문이다. 기후변화는 시장의 근본적인 실패를 보여주고, 산업과 기업 규제를 위한 정부들의 집단적인 행동을 요구한다. 가장 커다란 아이러니 중 하나는, 자유시장 가치에 대한 위협 때문에 기후변화를 부정하는 바로 그 정치인들이 화석연료 업계에 대한 연간 5조 달러 이상의 보조금 지급을 기꺼이 승인한다는 점이다. 진정한 자유시장이 존재한다는 건 미신이다. 많은 국가들은 거리낌없이 보조금을 지급하고 수입을 규제한다.

신자유주의는 자유로운 시장, 최소한의 정부개입, 강력한 사유재산권, 낮은 세금, 개인주의와 같은 일련의 믿음으로 압축된다. 신자유주의의 근간은, 그것이 모든 이들을 더 부자로 만들어주는 시장 기반의 해결책을 제공한다는 가정이다. 일명 '낙수효과'는 지난 40년간 신자유주의 사상의 핵심 역할을 했지만, 그것이 실제로 일어났다는 증거는 없다. 세계 인구의 절반은 하루에 5달러 50센트도 안 되는 돈으로 살아간다. 옥스팸(Oxfam)의 추산에 따르면, 전 세계에서 가장 부유한 26명이 현재 소유한 부(富)는 가장 가난한 38억 명이 소유한 부와 맞먹는다. 국제통화기금(IMF)은 지난 세대의 경제정책이 어쩌면 완전한 실패였을지도 모른다고 최근 선언한 바 있다.

2020년에 시작된 코로나19의 세계적인 확산도 신자유주의에 대한 많은 사람의 견해를 바꿔놓았다. 전 세계 사람들은 정부, 산업, 시민사회 간에 더 나은 관계가 가능하다는 것을 목격했다. 국가나 소수집단의 경제적 편익보다 시민의 건강과 웰빙이 우선시되는 그런 세계 말이다. 강력한 집단행동이 필요한 진정한 위기에 봉착했을 때, 사회는 국가와 과학 전문가, 시민사회의 지원을 향해 눈을 돌린다. 민간분야는 사재기가 한창일 때 식료품을 공급하거나 핵심 의약품 생산 및 백신 개발을 위해 설비를 교체하는 등 중요한 역할을 할 수 있다. 이에 반해 단순히 대출과 구제금융을 바라며 국가에 의지하는 기업도 많다.

기후변화, 생물다양성 훼손, 팬데믹의 재확산 가능성 같은 장기적인 위협 요소를 고려할 때, 코로나19의 교훈은 자유시장이 결코 우리를 보호하지 못한다는 것이다. 기후변화와 더불어 21세기의 다른 여러 도전들을 해결하기 위해 필요한 것은, 전문가들의 조언을 수렴하고 사회와 지역공동체의 가치를 믿으며 기업의 지지와 역동성이 뒷받침되는 정부의 개입이다. 우리에게는 정부가 주도하고 신경제이론들이 뒷받침하는 새로운 지구 차원의 관리 시대가 필요하다.

행동 취하기

전 세계 탄소 배출 저감을 위한 여러 가지 해결책이 8장에 소개되어 있지만, 우리가 2050년까지 탄소 순배출 제로를 달성하려면 모든 방법을 동원해야 한다. '프로젝트 드로다운'(https://drawdown.org/)은 2050년까지 1조 500억 탄소톤 제거를 달성하기 위해 다양한 단계에서 적용할 수 있는 80여 가지 고차적 해결 방안을 정리했다. 애빗 보믹(Avit Bhowmik)과 동료들의 연구를 근거로 한 〔도판41〕은 개인적인 단계에서 세계적 단계에 이르기까지 각 단계마다 이중 얼마나 많은 해결책이 사용될 수 있는지 보여준다. 개인과 가정 단계의 행동은 전체 1조 500억 탄소톤 중에서 14퍼센트를 제거할 수 있는 반면, 마을과 지역사회 단계의 행동은 31퍼센트, 도시와 국가 단계의 행동은 33퍼센트를 제거할 수 있다. 이는 기후변화와 싸울 책임이 있는 주체가 기업이나 정부가 아니라 개인이라는 기후변화 부정론자들의 주장과 충돌하는 지점이다. 이러한 비난 전가는 기후변화 부정론자들이 계속해서 화석연료 업계를 지원할 수 있도록 한다. 그들은 화석연료 업계가 단순히 시장의 수요를 충족할 뿐이라고 주장하기 때문이다. 개인과 가족 단계의 행동은 정부와 기업들에게 사람들이 기후변화에 대한 진지한 대응을 원한다는 것을 보여줄 수 있기에 중요하지만, 그 자체로 해결책이 될 수는 없다. 기후변화 해결책은 지역사회에서 국가 차원으로 확장될 때 가장 효과적이다. 이 모든 것은 윈윈 해결책이어야 하며, 순이익(절감액에서 비용을 뺀 값)을 합치면 46조 달러를 넘어갈 수 있다.

정부, 기업, 시민사회

효율적인 탄소 배출 저감을 위해서는 지방정부 및 중앙정부, 기업, 시민사회의 협력이 요구되며 개인의 행동 변화를 통한 지원과 격려도 뒷받침되어야 한다.

정부는 법규와 정책 개발을 통해 시민사회의 열망을 통제한다. 정부가 더 지속가능하고 탄소중립적인 사회를 만들기 위해 인센티브, 보조금, 세금, 규제를 이용할 수 있다는 건 분

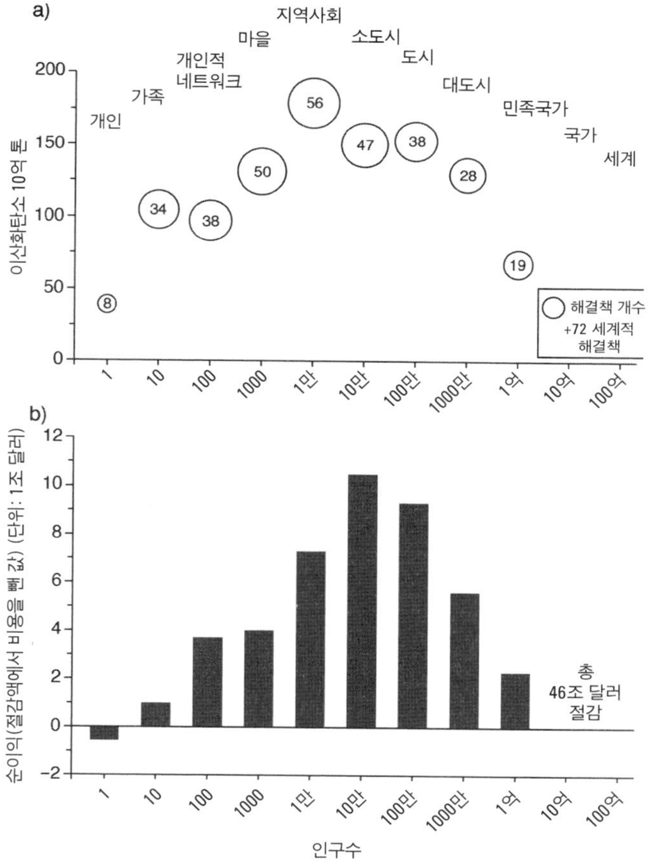

41. 개인적인 단계부터 세계적 단계까지 잠재적 기후변화 해결책.

명한 사실이다. 또한 정부는 대학 연구 투자, 산업 연구개발 지원, 인센티브를 활용한 수요 창출을 통해 혁신의 주요 동력이 될 수 있다. 정부는 화석연료에서 신재생에너지로의 신속한 전환을 촉진하고, 탄소중립적인 건물을 늘리고, 대규모 산림녹화와 재야생화를 장려하고, 저탄소 농업과 채식 위주 식단을 홍보하고, 사회의 극빈곤층을 지원해 기후변화로 예상되는 피해에 대한 복원력을 키울 수 있다.

세계 100대 기업은 연간 15조 달러 이상의 수익을 창출한다. 기업들은 우리가 무엇을 먹고, 무엇을 사고, 무엇을 보는지, 심지어 어떤 후보를 지지하는지 등 다양한 면에서 우리 삶을 통제한다. 많은 기업들은 2050년까지 탄소 순배출 제로 달성이라는 과학에 기반한 목표를 채택하면서 이미 변화에 동참하고 있다. 기업과 산업이 21세기에 뒤처지지 않고 대중의 신뢰를 얻기 위해서는 그들이 자연·사회와 관계 맺는 방식을 바꿔나가야 한다. '채취하고 생산하고 폐기해버리는' 고전적이고 선형적인 경제모델은 값싸고 쉽게 얻을 수 있는 대량의 원재료와 에너지에 의존한다. 우리는 이 모델의 물리적 한계에 도달했다. 쉽게 물건을 버리는 기업 문화의 근본적인 문제를 잘 보여주는 신경제 이론들이 부상하고 있다. 기업들이 기후변화 해결책의 일부가 되고 싶다면 순환경제가 필수적이다. 순환경제는 사용되는 원재료의 양을 최소화하고, 재사용과 재활용을 통해 제품과 재료의 수명 주기 동안 가치를 극대화한다. 순환경제의 적용은 유럽 경제에서 최대 1조 8000억 유로의 가치를 창출할 수 있다. 따라서 기업들은 애초에 뛰어난 내구성, 업그레이드 가능성, 재활용 가능성을 갖춘 제품을 생산해야 한다. 제품설계 단계부터 폐기물과 오염 발생을 줄이기 위해 노력해야 한다.

개인의 행동이 탄소 저감에 기여하는 부분은 적겠지만, 그것은 정부와 기업들에게 시민들이 큰 변화를 염원하고 지지한다는 강력한 메시지를 보낼 수 있으므로 몹시 중요하다. 개인의 행동은 영향력을 가지고 있다. '기후변화를 위한 학교 파업' 시위와 '멸종반란' 시위는 전 세계의 다양한 사람들을 하나로 묶었으며 이들은 정부가 지구를 제대로 지키기 위한 행동에 나서기를 촉구했다. 변화는 이미 시작되었다. 1400개 이상의 지방정부와 35개 이상의 국가는 인류가 기후 비상사태에 처해 있다고 선언했다. 하지만 우리는 지금의 기후 위기와 관련해 모든 사람의 책임이 똑같지 않다는 것을 기억해야 한다. 탄소 배출의 50퍼센트는 세계에서 가장 부유한 사람 10퍼센트에 의해 발생한다(도판42). 글로벌 사회에서 가장 가난한 50퍼센트는 전체 배출량의 10퍼센트만을 차지한다. 사회에서 가장 부유한 사람들이 행동 변화에 나선다면 전 세계 탄소 배출에 큰 영향을 미칠 수 있을 것이다.

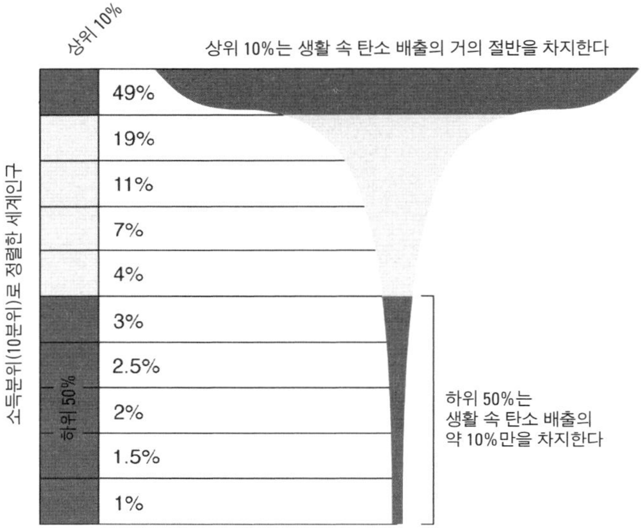

42. 전 세계 소득계층별 생활 속 탄소 배출.

국제기구

우리에게는 긍정적인 변화를 지지하고 격려하고 실시하기 위해 21세기의 도전에 적합한 국제기구들이 필요하다. 유엔, 세계은행, 국제통화기금을 비롯한 여러 기구들의 상당수는 2차세계대전 직후에 설립되었다. 경제협력개발기구(OECD)와 석유수출국기구(OPEC) 같은 경우는 1960년대 초에 설립되었다. 이러한 국제기구들은 모든 인류를 대표하는 동시에 공정하고 공평한 거버넌스를 보장해야 한다. 세계은행과 국제통화기금은 지속가능발전목표를 모든 의사 결정의 핵심으로 삼으며 친환경 지속가능한 경제개발, 탄소 순배출 제로 목표 지원, 빈곤 완화에 초점을 맞추도록 재설계될 수 있다. 세계무역기구의 현재 목표는 글로벌 무역이 최대한 원활하고, 예측 가능하고, 자유롭게 이루어지도록 하는 것이지만, 무역과 소비를 장려하는 것은 전 세계 탄소 배출 저감을 어렵게 한다. 의미 있는 지역·국가·국제적 환경보호 및 환경규제와 충돌할 수 있기 때문이다. 세계무역기구를 세계지속가능성기구(World Sustainability Organization, WSO)로 전환하고, 화석연료 수출 의존국들의 경제 구조조정에 대한 지원을 그 첫번째 목표로 삼는 것이 어쩌면 대안이 될지도 모른다.

가장 간단하고 신속하게 취할 수 있는 변화는 유엔 환경청(Environment Agency)의 지위를 상향 조정하는 것이다. 현재 환경청은 유엔 시스템 내에서 무역, 보건, 노동은 물론, 심지어 해사(海事), 지적재산권, 관광 관련 조직보다 더 지위가 낮기 때문이다. 유엔 환경청의 예산은 세계보건기구(WHO) 예산의 4분의 1, 세계식량프로그램(WFP)의 10분의 1에 불과하다. 환경은 보건과 식량안보 모두에 중요한 영향을 끼치는데도 말이다. 유엔 환경청이 유엔 세계환경기구(World Environment Organization, WEO)로 승격되고 최소 세계보건기구 수준의 예산을 배정받는다면 지속가능발전목표, 생물다양성협약, 기후변화협약을 총괄하여 상호 협력하고 충돌을 막으며 언제고 윈윈 해결책이 나오도록 도울 수 있을 것이다.

결론

기후변화는 현대사회의 근간에 대한 전반적인 조사를 요구하는 몇 안 되는 과학 연구 분야 중 하나다. 이 주제는 정치인들이 논쟁하게 하고, 국가들이 반목하게 하고, 사회에서 기업의 역할에 대한 의문을 제기하고, 생활 방식에 대한 개인 선택에 대해 질문을 던지고, 궁극적으로 인류와 지구상 나머지 존재들 간의 관계에 대해 질문하게 만든다. 인류가 직면한 가장 거대한 문제 중 하나인 기후변화를 해결하려면 우리가 함께 노력해야 한다. 기후변화가 이번 세기에 가속화될 것이라는 데에는 의심의 여지가 없다. 최선의 추정치에 따르면 지구의 평균기온은 21세기 말까지 2.1~5.5도 오를 것이다. 해수면은 2100년이면 50~130센티미터 상승할 것이고, 날씨 패턴의 상당한 변화와 기상이변의 증가가 예상된다. 세계 지도자들은 기후변화의 폭을 2도 미만, 가능하다면 1.5도로 제한하겠다고 약속했다. 이 책은 기후변화의 원인, 결과, 잠재적 해결책을 이해하는 데 필요한 과학적 지식이 우리에게 있음을 잘 보여준다. 우리에게는 기후변화 대응에 필요한 기술, 자원, 자금도 있다. 현재 부족한 것은, 더 살기 좋고 안전하고 건강하고 행복한 세상을 만들기 위해 모든 긍정적인 윈윈 해결책을 도입하려는 정치적 의지와 정책이다. 지구가 직면한 환경 위기에 대한 인식이 높아지면서 변화를 원하는 대중의 압박이 커지고 있으며 새로운 정책과 사고방식이 등장하고 있다. 문제는 세계가 2050년까지 탄소 순배출 제로라는 목표를 달성할 수 있도록 빠른 시일 내에 이러한 변화를 이루어낼 수 있는가이다〔도판43〕.

43. 〈USA 투데이〉의 코펜하겐 기후회의 만평.

감사의 말

다음 분들께 감사드린다. 코로나 봉쇄 기간을 함께 견디고 제4판을 쓸 수 있도록 도와준 조애나, 알렉산드라, 애비. 훌륭한 일러스트를 만들어준 마일스 어빙. 옥스퍼드대학교출판부 편집자 제니 누지와 라사 메논. 유니버시티칼리지런던, 소프라스테리아 그룹, 십인클루디드, 더컨버세이션, 레자택의 훌륭한 직원들. 이 책을 여러 버전으로 만들며 통찰력 있고 유익한 조언을 해준 리처드 베츠, 마크 브랜든, 앤드루 셰퍼드, 에릭 울프와 검토자들. 기후학, 고기후학, 지질학, 지리학, 사회과학, 경제학, 의학, 공학, 인문학, 예술 분야에서 활동하며 인간이 지구 기후에 미치는 영향을 이해하고 예측하고 완화하기 위한 노력을 멈추지 않는 나의 명석하고 헌신적인 동료들.

독서안내

기후변화의 역사

Corfee-Morlot, J., et al. Climate science in the public sphere, *Philosophical Transactions A of the Royal Society*, 365/1860 (2007): 2741 – 76.

Leggett, J.K. *The Winning of the Carbon War: Power and Politics on the Front Lines of Climate and Clean Energy* (Crux Publishing, 2018).

Lewis, S.L. and M.A. Maslin *The Human Planet: How Humans Caused the Anthropocene* (Penguin and Yale University Press, 2018).

Mann, M. *The New Climate War: The Fight to Take Back Our Planet* (PublicAffairs, 2021).

Oreskes, N. and M. Conway *Merchants of Doubt: How a Handful of Scientists Obscured the Truth on Issues from Tobacco Smoke to Global Warming* (Bloomsbury, 2012).

Ruddiman, W.F. *Plows, Plagues, and Petroleum: How Humans Took Control of Climate* (Princeton Science Library, 2016)

Weart, S.R. *The Discovery of Global Warming, New Histories of Science, Technology, and Medicine* (Harvard University Press, 2008).

과학

Archer, D. *Global Warming: Understanding the Forecast*, 2nd edn (John Wiley & Sons, 2011).

Dessler, A.E. *The Science and Politics of Global Climate Change: A Guide to the Debate*, 3rd edn (Cambridge University Press, 2019).

Emanuel, K. *What We Know about Climate Change*, updated edn (The MIT Press, 2018).

Houghton, J.T. *Global Warming: The Complete Briefing*, 5th edn (Cambridge University Press, 2015).

IPCC, Climate Change 2021—The Physical Science Basis Contribution of Working Group I to the Sixth Assessment Report of the Intergovernmental Panel on Climate Change (2021).

Lenton, T. *Earth System Science: A Very Short Introduction* (OUP, 2016).

Maslin, M. The five corrupt pillars of climate change denial (The Conversation, 2019). https://theconversation.com/the-five-corrupt-pillars-of-climate-change-denial-122893

Maslin, M. Five climate change science misconceptions—debunked (The Conversation, 2019). https://theconversation.com/five-climate-change-science-misconceptions-debunked-122570

Maslin, M.A. and S. Randalls (eds) *Routledge Major Work Collection: Future Climate Change: Critical Concepts in the Environment* (4 volumes containing reproductions of eighty-five of the most important papers published on climate change) (Routledge, 2012).

National Climate Assessment. Volume I: Climate Science Special Report (2018). https://science2017.globalchange.gov/

Romm, J. *Climate Change: What Everyone Needs to Know* (OUP, 2018).

영향

Costello, A., et al. Managing the health effects of climate change, *The Lancet*, 373 (2009): 1693–733.

Garcia R.A., et al. Multiple dimensions of climate change and their implications for biodiversity, *Science*, 344 (2014): 486–96.

IPCC, Climate Change 2021—Impacts, Adaptation, and Vulnerability, Contribution of Working Group II to the Sixth Assessment Report of the Intergovernmental Panel on Climate Change.

National Climate Assessment. Volume II: Impacts, Risks, and Adaptation in the United States (2018) https://nca2018.globalchange.gov/

Stern, N. *The Economics of Climate Change: The Stern Review* (Cambridge University Press, 2007).

Watts, N., et al., The 2020 Report of The Lancet Countdown on Health and Climate Change (The Lancet, 2020).

정치와 거버넌스

Figueres, C. and T. Rivett-Carnac. *The Future We Choose: Surviving the Climate Crisis* (Manilla Press, 2020).

Giddens, A. *The Politics of Climate Change*, 2nd edn (Polity Press, 2011).

Grubb, M. *Planetary Economics: Energy, Climate Change and the Three Domains of Sustainable Development* (Routledge, 2014).

Gupta, J. *The History of Global Climate Governance* (Cambridge University Press, 2014).

IPCC, Climate Change 2022—Mitigation of Climate Change, Contribution of Working Group III to the Sixth Assessment Report of the Intergovernmental Panel on Climate Change.

Klein, N. *On Fire: The Burning Case for a Green New Deal* (Allen Lane, 2019).

Labatt S. and R.R. White *Carbon Finance* (Wiley, 2007).

Metcalf, G.E. *Paying for Pollution: Why a Carbon Tax is Good for America*

(OUP, 2019).

Meyer, A. *Contraction and Convergence: The Global Solution to Climate Change* (Green Books, 2015).

Oxfam, Policy Paper—Confronting Carbon Inequality: Putting climate justice at the heart of the COVID-19 recovery (Oxfam, 2020). https://oxfamilibrary.openrepository.com/bitstream/handle/10546/621052/mb-confronting-carbon-inequality-210920-en.pdf

Thunberg, G. *No One Is Too Small to Make a Difference*, paperback (Penguin, 2019).

해결

Buck, H.J. *After Geoengineering: Climate Tragedy, Repair, and Restoration* (Verso, 2019).

Centre for Alternative Technology (CAT), *Zero Carbon Britain: Rising to the Climate Emergency* (CAT Publications, 2019). https://www.cat.org.uk/new-report-zero-carbon-britain-rising-to-the-climate-emergency/

Cole, L. *Who Cares Wins: Reason for Optimism in Our Changing World* (Penguin, 2020).

Georgeson, L., M. Poessinouw, and M. Maslin *Assessing the Definition and Measurement of the Global Green Economy* (Geo: Geography and Environment, 2017). doi: 10.1002/geo2.36

Goodall, C. *What We Need to Do Now: For a Zero Carbon Future* (Profile Books, 2020).

Hawken, P. *Drawdown: The Most Comprehensive Plan Ever Proposed to Reverse Global Warming* (Penguin, 2018).

Helm, D. *Net Zero: How We Stop Causing Climate Change* (William Collins, 2020).

IPCC, Climate Change 2021—Impacts, Adaptation, and Vulnerability, Contribution of Working Group II to the Sixth Assessment Report of the Intergovernmental Panel on Climate Change.

Jackson, T. *Prosperity without Growth: Economics for a Finite Planet* (Routledge, 2016).

Maslin, M. Stabilising the global population is not a solution to the climate emergency (The Conversation, 2019). https://theconversation.com/stabilising-the-global-populationis-not-a-solution-to-the-climate-emergency-but-we-should-doit-anyway-126446

Morton, O. *The Planet Remade: How Geoengineering Could Change the World* (Granta, 2016).

Roaf, S., et al. *Adapting Building and Cities for Climate Change* (Routledge, 2009).

Royal Society, Geoengineering the climate: Science, governance and uncertainty: The Royal Society Science Policy Centre Report, *The Royal Society*, 10/09 (2009): 81.

일반 교양

Berners-Lee, M. *There Is No Planet B: A Handbook for the Make or Break Years* (Cambridge University Press, 2019).

Flannery, T. *Atmosphere of Hope: Solutions to the Climate Crisis* (Penguin, 2015).

Hayhoe, K. *The Answer to Climate Change: And Why We Can Have Hope* (Atria/One Signal Publishers, 2021).

Lynas, M. *Our Final Warning: Six Degrees of Climate Emergency* (Fourth Estate, 2020).

Mazzucato, M. *The Value of Everything: Making and Taking in the Global*

Economy (Penguin 2019).

Raworth, K. *Doughnut Economics: Seven Ways to Think Like a 21st-Century Economist* (Random House, 2017).

Royal Society, People and the planet, The Royal Society Science Policy Centre Report, *The Royal Society*, 01/12 (2012): 81.

Sachs, J. *The Ages of Globalization* (Columbia University Press, 2020).

Wallace-Wells, D. *The Uninhabitable Earth: A Story of the Future* (Penguin, 2019).

역자 후기

이 책은 영국 옥스퍼드대학교 출판부에서 펴내는 〈Very Short Introduction〉 시리즈의 기후변화 편으로, 인류가 직면한 가장 심각하고 논란 많은 이슈인 기후변화를 다양한 관점에서 소개하는 요약서이다. 1장은 기후변화의 정의, 2장은 기후변화가 세계적 이슈로 부상한 과정, 3장은 기후변화에 대한 과학적 증거, 4장은 향후 탄소 배출량 변화에 따라 기후변화를 예측하는 기후모델링 과정, 5장은 미래 기후변화의 영향, 6장은 기후변화를 가속화하는 기후시스템 내의 숨겨진 악재, 7장은 기후변화의 정치적 측면, 8장은 정치, 경제, 기술적 해결책, 9장은 탄소 배출량에 따른 다양한 미래 전망과 기후 위기 해결을 위한 여러 방법을 다룬다.

저자는 저널리스트가 아닌 과학자인 만큼 기후변화에 관한 감정적인 호소 없이 최신 과학과 철저히 검증된 사실만을 이야기한다. 이 책의 백미는 기후변화 부정론자들의 주장(이산화탄소는 지구 대기의 작은 일부라서 거대한 온실효과를 일으킬 수 없다, 기후데이터는 보정을 통해 조작된다, 최근의 기온 변화는 태양 활동으로 인한 것이다 등)에 조목조목 반박하는 부분이 아닐까 싶다. 또한 미래를 예측하는 기후모델링을 불신하는 사람들의 주장(기후모델은 자연적 변수를 재구성하지 못한다, 구름은 기후변화의 영향을 감소시킨다, 기후변화는 은하우주선으로 인한 것이다 등)에도 반대의견과 증거를 제시한다.

다만 오늘날의 기후변화 부정론자들은 과학을 믿지 못하는 게 아니라 인정하기 싫은 걸지도 모른다는 생각이 든다. 기후변화는 시장의 근본적인 실패를 보여주고, 산업과 기업에 대한 정부 규제를 요구하고, 개인 차원에서는 익숙하고 편리한 삶을 상당히 포기해야 함을 의미하기 때문이다.

우리는 코로나 기간에 공장이 멈추면서 부쩍 맑아진 하늘을 목격했다. 하지만 공장 가동이 재개된 지금은 다시 일기예보와 더불어 미세먼지 예보를 확인하고, 미세먼지가 치매나 심혈관질환을 유발한다는 기사를 보며 우울해하고, 세계의 공장인 이웃나라를 원망하고, 실질적인 조치를 취하지 못하는 정부의 무능을 탓한다. 그런데 지금 이대로의 생활을 유지한다면, 우리 역시 후손들에게 이와 같은 원망, 아니 훨씬 더 심한 원망을 듣게 될지도 모른다. 2100년경에는 지구 평균 기온이 2.1~5.5도 오르고, 해수면이 50~130센티미터 상승하고, 기후와 기상패턴에 많은 변화가 찾아오는 것은 물론, 기상재해도 늘어날 테니 말이다.

모쪼록 이 책이 지구가 직면한 환경 위기에 대한 인식을 높이고 2050년까지 탄소 순배출 제로 목표 달성에 조금이라도 보탬이 되기를 바란다.

도판 목록

기후변화

CLIMATE CHANGE

초판 1쇄 인쇄 2023년 8월 6일
초판 1쇄 발행 2023년 8월 16일

지은이 마크 매슬린
옮긴이 신봉아

편집 김윤하 이희연
디자인 강혜림
저작권 박지영 형소진 최은진 서연주 오서영
마케팅 김선진 배희주
브랜딩 함유지 함근아 김희숙 고보미
박민재 정승민 배진성
제작 강신은 김동욱 이순호
제작처 한영문화사(인쇄) 한영제책사(제본)

펴낸곳 (주)교유당 **펴낸이** 신정민
출판등록 2019년 5월 24일
제406-2019-000052호
주소 10881 경기도 파주시 회동길 210
전자우편 gyoyudang@munhak.com
문의전화 031) 955-8891(마케팅)
031) 955-2680(편집)
031) 955-8855(팩스)

페이스북 @gyoyubooks
트위터 @gyoyu_books **인스타그램** @gyoyu_books

ISBN 979-11-92968-19-3 03450